山極寿一

争いばかりの人間たちへ

ゴリラの国から

毎日新聞出版

はじめに

ひょっとして、この世は何でこんなにも多くの争いごとや暴力に満ちているんだろう、とみなさんは思っていないだろうか。そして、人間は本来、限りある資源をめぐって争うことを宿命づけられているので、大きな力でそれを止めるしか方法がない。だから、戦争が起こるのはやむを得ない結果であって、それは武力でしか解決できない、などと考えていないだろうか。

それは大きな誤解である。世の中には人々が助けあい、災害や社会のトラブルに立ち向かってきた大小の出来事が語りつくせないほどある。しかし、マスコミはそんな例を取り上げることはなく、もっぱら悪事や悲劇をニュースにする。人々の幸福は人によってさまざまだが、不幸はすべての人に共通で理解しやすく、関心を引きやすいからである。SNSではそんな事例や非難が溢れているので、人々は世界が悪意に満ちていて、うかうかしていると自分も被害者になると思って身構えるようになってしまったのだ。

しかし、ちょっと待ってほしい。そもそも戦争のような集団間の暴力が激化したのは人類の700万年にわたる進化史の中でたったこの1万年の出来事なのである。それまで、人類が武器を持って戦い合った証拠はない。集団内でも激しい暴力にさらされて死亡した例は極めてわずかだ。暴力や戦いは人間の本性ではなく、人間のもつ特殊な能力を誤って使い始めた結果なのである。それをこれまでの進化や歴史を振り返って問い直し、これらの悪夢を払《ふっ》拭《しょく》できるような未来を描いてみようというのが本書の目的である。

私たちは言葉によって世界を解釈し直し、食料生産と科学技術によって地球をつくり直してきた。それは富を増やし、その富を再分配することによって集団内外のトラブルを解消してきたと言えるかもしれない。そして、富を増やすために古い施設や設備を生産性や効率性の高い新しいものに作り変えてきた。しかし、それが社会に格差を生み出してトラブルを拡大し、地球環境に大きな負荷を与えてきた。2009年に提唱されたプラネタリーバウンダリー（地球の限界）を表す9つの指標のうち、6つが昨年限界値を超えてしまった。気候の温暖化による自然災害も激化する一方で、もはやこれまでのような科学技術によって富を増やす方法は適用できなくなった。ここらで近代科学や無限に成長を続ける資本主義に依存し続ける精神をスクラップ・アンド・ビルドして、非破壊的で調和的な世界を目指さなければならない。

ここまで人間を傲慢《ごうまん》にして暴力を放置したのは、いくつかの誤った判断にあると私は思う。まず、人間は進化の勝者であり、すべての生物の頂点に立つという誤解。

言葉によって人間は格段に高い知性を持ち、世界を支配し管理する権利を与えられたという誤解。農耕・牧畜という食料生産を始めたことが人間に富と豊かさをもたらしたという誤解。産業革命による新たなエネルギーの獲得が繁栄の道を拓いたという誤解。無限の成長を続ける経済システムこそが唯一頼るべき社会の在り方だという誤解。そして、私たちが直面する情報通信革命が私たちに明るい未来を約束するという誤解である。

これらの誤解は、人間や人工的な世界を礼賛し、それを無批判に受け入れる結果をもたらした。でも人間が切り開いてきた新しい技術や考えは、後になって振り返ってみれば決して喜ばしい結果だけではなく、悲劇をも生み出している。食料生産は過酷な労働を必要として奴隷国家を生み出したし、産業革命は時間を単位に人々の活動を管理し、近代資本主義は社会を経済に従わせる仕組みに変えた。私たちはそれらの歴史を必然的な発展段階と捉え、引き返すことができない道であったと考えている。

それは違うと私は思う。たとえば私たちの身体はまだ狩猟採集時代の名残を留めている。近年の人工的環境が身体に合わないので、生活習慣病など非感染性の病気が蔓延《まんえん》しているのだ。それは心にも言えるはずであり、この世界の趨勢《すうせい》に合わない心を抱えながら苦しんでいる人々は多いだろうと思う。しかし、身体と違って心や社会は化石に残らない。それを知るためには人間に近い類人猿の暮らしから、人類の祖先の心や社会を類推するしかないのである。

これまで40年余りアフリカに通ってゴリラの暮らしを体験した私は、それを頭に描くことができる。ゴリラはこれまで100年以上も暴力的で好戦的な動物と見なされてきた。しかし、野生のゴリラの群れの中で社会生活を体験すると、彼らが慈愛に満ちた家族生活を送り、巧妙なルールによってむしろ暴力の発現を抑えていることがわかる。同じように、私たち人類の祖先も平和で平等を希求する社会をつくっていたはずだと私は思う。それがいつ変わったのか。何が人間を間違わせたのか。私たちはまだ引き返すことができる。それを私が過ごしたゴリラの国から提案したいと思う。

2024年7月

山極寿一

争いばかりの人間たちへ

ゴリラの国から

もくじ

第1章　ゴリラの国の歩き方

第2章　ゴリラの家族

第3章　暴力の起源

第4章　サルの国

第5章　自然が語ってくれるとき

第1章

ゴリラの国の歩き方

「闇の奥」で見たひかり

私をアフリカへ誘ったのは、子どもの頃に読んだコンラッドの『闇の奥』（中野好夫訳　岩波文庫）という小説だった。船乗りのマーロウが船長としてコンゴ川を遡った体験を語るのだが、熱帯のジャングルと植民地時代の人間双方の闇を描いていて、私はいつかそれをのぞいてみたい誘惑にかられた。それが叶えられたのは26歳になって、大学院の博士課程の学生としてゴリラ調査に派遣されてからのことだった。

私は最初から一人で調査を実施した。京都大学の今西錦司《いまにしきんじ》が開設した自然人類学研究室の慣習で、学生は一人で一から調査を実行することと決められていた。今の時代には非難されそうなやり方だが、私たちはそれを「捨て子方式」と呼んで特に疑問も持たなかった。私はコンゴ民主共和国（旧ザイール）の東端にあるカフジ山（標高３３０８ｍ）でゴリラの調査を始めた。

しかし、最初に歩いたのは山地林で樹高の低い木や竹林、湿原ばかりだったので、森にはどこでも太陽の光が燦々《さんさん》と降り注いでいた。狩猟採集民のピグミーの人たちと一緒に森を歩き、テントを張って露営をしたが、夜空一面に無数の星が輝いていた。それまで鹿児島県の屋久島でニホンザルの調査をしていたので、アフリカのジャングルが屋久島の森と似たようなものだと感じたことを覚えている。

しかし、それから数年後に低地（標高600〜1200m）へ降りて行って調査をしたときはずいぶん様子が違った。森は樹高の高い木々におおわれていて日光が射さず、暗く湿っている。密生した葉が重なって空が見えず、夜になったら一寸先も見えない。夜はカエルや虫が一斉に鳴き始めて昼より騒々しくなる。ときにはハイラックスの遠吠えやバッファローのうなり声が聞こえて心を揺さぶる。ああこれがコンラッドのジャングルなのだなと納得した。

あるとき、現地の狩猟民2人とゴリラを追っていてつい遠出をしてしまった。スコールに見舞われ全身ずぶ濡れになったとき、闇が迫ってきた。ジャングルの夜は思いのほか冷え込む。何とかしてキャンプまで帰ろうということになって歩き出した。しかし、足元どころか自分の手も見えない漆黒の闇である。

「おい、どうやって帰るんだ。これじゃあ道が見えないよ」

と私が言うと、

「だいじょうぶ、任せておけ。俺の足は道を知ってる」

現地の若者はそう答えた。

そこで、私はその若者の肩に後ろから両手でつかまり、もう一人が私の肩を押さえて、3

人が数珠つなぎになってそろそろと歩き出した。前後も左右もまったく見えない。しかし、先頭に立った男は着実に歩を進めていく。彼は裸足だ。おそらく足を手のように開いて地面をまさぐり、大地の支えを確かめているのだろうと私は思った。道と言ったって、人間の歩く道などない。ゾウやバッファローの歩いた跡をたどっていく。木の根がむき出しになっているから、それをしっかり確保していけば転ぶことはない。崖や川が近づけば風やにおいが変わるし、草の種類を手の感触で確かめていけば察知できる。夜の闇で動物たちがどのように歩いているのかを想像すれば、そんなに難しいことではないはずだ。

しかし、そうはいっても人間は視覚的な動物だ。何にも見えないと、まるで自分が宙に浮いているような気がして、歩いているのか泳いでいるのかわからなくなってくる。

しばらく歩き続けたとき、突然闇の中に青白い光が見えてきた。20㎝ぐらいの棒状のものが宙に浮かんでいる。よく見ると、丸っこいものや曲がったものなどいろんな形がある。そうっと手を伸ばして触ってみると木の枝だった。どうやらヒカリゴケが木の枝に巻き付いて発光しているらしい。見渡すとあたり一面に青白い光の物体が浮かんでいる。私はなんだか楽しくなって、

「おい、このあかりは何なんだ」

と呼びかけると、後ろの男が、

「俺たちを見守ってくれているんだ」

と静かにつぶやいた。私は彼らが闇の中でまったく不安がらない理由がわかったような気がした。

5時間も歩いた頃、前の若者が立ち止まって

「キャンプのにおいがする」

と言った。私には何も感じられなかったが、後ろの男もにおうと言う。

そこで、みんなで声を張り上げてキャンプに知らせると、やがて懐中電灯の明かりが見えだして仲間たちがやってきた。闇の中で、私たちは方角を間違えることなくキャンプにたどり着いたのだ。

この体験をしてから、私はアフリカのジャングルがずっと身近で暖かいものに思えてきた。地元の人たちにとってジャングルは祖先が眠る場所であって決して闇ではない。19世紀のヨーロッパ人にとって熱帯雨林は異界だったために、その多様な生物の織り成す世界が闇に見え、そこに住む人々が闇の心を持った住人に見えたのだ。

私は「暗黒大陸」という言葉を思い出した。ゴリラも「闇の奥に徘徊する怪物」と思われていた。今こそ、その間違いを正さねばならない。ジャングルは美しいひかりの場所であり、ゴリラのシルバーバックはひかりの使者なのである。

誤解と偏見

本好きの母親のおかげで、子どもの頃のぼくの周りにはたくさんの本があった。武蔵野の雑木林で育ったぼくは、読書よりも草むらをかき分けてターザンごっこや忍者ごっこをするほうが好きだったが、時たま本を手に取ると物語にのめり込んでしまう性格でもあった。

いろんな本を読んで、そのたびに主人公になりきって心を躍らせたり、落胆したり、悲しみに沈んだりしたものだが、なかでも『さんご島《とう》の三少年』（ロバート・バランタイン著）は私の探検好きの心に生涯消えない火をつけたと言ってもいいだろう。それまでに『ロビンソン・クルーソー』や『十五少年漂流記』を読んで、探検好きにはなっていた。でも、ロビンソンはずっと年齢が上だったたし、十五少年たちは数が多すぎて自分が主人公の気持ちになりきれなかったのだ。この本の主人公はラルフ・ローバー。名前がいい。ローバーは放浪者という意味で、小さい頃からさまよい歩くくせがあって付けられたニックネームだ。ぼくもそうだよなあ、と思い込んでしまったのだ。

そのラルフが、15歳のときアロー号という船に乗りこんで航海に出るところから物語は始まる。船で知り合ったのは18歳のジャックと13歳のピーターキン。やがて、南太平洋で嵐にあって船が難破し、この3人が無人島に打ち上げられる。そこで、自然を相手に少年たちの野生の生活が始まるのだ。持っていたのは、折れたナイフ、芯の入っていないシャープペンシル、3mぐらいのひも。帆をぬう針、望遠鏡、真鍮《しんちゅう》の指輪、船の櫂《かい》、斧《おの》といったところだ。まず望遠鏡のレンズで太陽の光を集めて火を起こし、弓や槍《やり》を拵《こしら》えた。何せ熱帯の島だから食べ物には困らない。ヤシの実やフルーツを集め、魚を釣り、野ブタを捕らえ、枝と大きな葉で小屋を立てて眠った。夜空を埋めつくす星の光、さんご礁に打ち寄せる波の音があたたかく彼らを包んだ。それから島のあちこちを3人で探検する。変な植物を見つけたり、丸木舟で海へ漕ぎ出してふかの襲撃にあったり、崩れかけた小屋に人間の骸骨を見つけたり。すっかり物語に引き込まれてしまったぼくは、いつか少年たちのような境遇になる自分を思い描いていた。

ぼくが念願のアフリカへ旅立ち、ピグミーと呼ばれる森の民といっしょに熱帯雨林に足を踏み入れたのは26歳のときだ。ぼくにとって本物の探検はこのときが初めてだった。それまで下北や信州の雪原で野生のニホンザルを追いかけたり、屋久島の原生林で動植物の調査に参加したりしたが、まだこれは探検とは言えないなと感じていた。アフリカへ行ったのは野生のゴリラの生態を調べるためだ。もうすっかり大人になってはいたのだが、心にはまだ少年時代の炎が燃えさかっていた。

でも、ゴリラを追ってジャングルを歩くのは想像していた探検とはずいぶん異なっていた。まず、背丈以上もある草が生い茂っているし、棘のある草が多いから、パンガという山刀がなければ歩けない。地面には50㎝もあるみみずや、色鮮やかなヤスデが目につくし、クワガタみたいな口をしたグンタイアリに出くわしたら体中に取りつかれて逃げ出さなければならない。足の太さほどもあるヘビがごろんと寝転がっているし、バッファローやゾウに出くわしたら、気づかれないように逃げないと命が危ない。甘くておいしいフルーツなんていつでも得られるわけじゃない。苦かったり、舌がチクチクしたり、人間には不向きなものがある。それに、ほとんどの木は電柱みたいにまっすぐで、はるか上の方に枝や葉がある。幹には鋭い棘のついている木が多いから、とても登れたもんじゃない。思いがけない苦難に遭遇しながら、ぼくはいつも気持ちを新たにしなければならなかった。

何度も遭難した。道にはぐれて独りで数日森をさまよったこともあるし、豪雨にあって川が決壊し、たき火で体を温めながら冷たい夜を過ごしたこともある。でも、そこで命を落とさず、むしろうきうきとした気持ちで森を歩き、生還することができたのは、心の中に探検への強い憧れと今それを体験しているうれしさがあったからだろうと思う。さんご島の少年たちと違っていたのは、ゴリラという強い味方がぼくにいたことだった。ゴリラといっしょに歩いていればこわいことなど何もなかったし、ゴリラが食べる物はぼくの口にもあった。それに、ゴリラが生きていけるのだから、ぼくが死ぬはずはないと思えたのだ。いつしかゴリラたちのほうがぼくの心を占領し、少年の夢は小さくなっていった。

今振り返ってみると、さんご島の3少年は大きな誤解に満ちている。小舟を作って大海原に漕ぎ出して出会う土人の島。人食いの風習をもつ部族に捕らえられた娘を助けようと、キリスト教の教えを受けた地元の宣教師と力を合わせて冒険に挑む3少年の姿は、19世紀にアフリカを植民地にした欧米の考え方そのものだ。ゴリラをモデルにしたキングコングという映画も全く同じ発想で作られている。

ぼくがアフリカで体験したのは、そういった話がひどい偏見で作られていたという事実だった。地元の人々は野蛮でも凶暴でもないし、むしろ私たち都会人より品位のある平和な暮らしを営んでいる。ぼくの子ども時代までこんなひどい世界観がまかり通っていたことが不思議に思える。その誤解をひとつひとつ正していくのが、現代の探検に挑むぼくらの使命だと思う。だからこの本は、ぼくに未知の自然に挑む野心を育ててくれたと同時に、後になって世界のひどい誤解に気づかせてくれたのである。

人は旅によって進化した

旅とは人間が長い進化の中で獲得した独特な行為だと思う。人間以外の動物は保守的であり、未知の場所になかなか足を向けない。アフリカのサバンナではヌーやシマウマなどの有蹄《ゆうてい》類《るい》が季節的に大移動をするが、これは季節による食草の変化を追うからである。オオカミやライオンなどの肉食動物は広い遊動域を持つが、これも獲物を追い求めるためだ。人間に近縁なサルや類人猿は年中食物が豊富な熱帯雨林起源なので、生まれ育った場所から遠く離れることはまずない。

人間の旅のきっかけは直立して二足で歩き始めたことで、700万年前に遡る。なぜ、こんな変な歩行様式が生まれたのか。それはおそらく、遠くまで出かけて価値の高い食物を持ち帰り、仲間といっしょに食べるために役立ったからだ。類人猿も時折食物を仲間と分配することがあるが、食物をわざわざ運んでいっしょに食べることはない。人間の祖先は、類人猿がずっと棲み続けている熱帯雨林を離れ、食物が分散しているサバンナへと出て行った。草原には大型の肉食獣が闊歩し、逃げ込む樹木が乏しい。子どもたちや身重の女性は安全な場所に隠れ、屈強な者たちがチームを組んで遠くまで食物を探しに出かけたはずである。自由になった手は食物を運ぶために使われた。

だから、人間の旅は一方通行ではなく、仲間のもとへ帰ることが条件づけられている。このとき、人間には新しい精神が芽生えた。見えないものを欲望するという心である。遠くへ行った仲間が素敵なものを持ち帰ってくれるという期待。そういう期待を抱いて待っている仲間がいるという思い。そして、人間はだんだんと遠くへと足を運ぶようになった。

遠征する距離や時間が長くなれば、自分の仲間たちが暮らしている土地とは違う風景や生き物と出会う。そういった情報が待っている仲間にもたらされ、未知の土地に対する興味が膨らむ。その土地が住み心地のいい暮らしを約束すると思えば、人々が移住を始める。それが徐々に人間の祖先の生息域を広げる結果となった。２００万年前に祖先たちは初めて誕生の地アフリカを出てユーラシアへと足を延ばし、５万年前からオーストラリア大陸や新大陸へと進出するようになったのである。

しかし、旅の規模は長い間小さいままに留まっていた。移住と旅は違う。私たちの祖先は小さい旅を繰り返しながら新しい土地を見つけ、移住しながら生息地を広げていった。世界中に広がった現代人ホモ・サピエンスが近代まで故郷のアフリカにはもどらなかったことが、近年のゲノム分析から明らかになっている。

大規模な旅は、騎馬技術の向上と帝国の登場によって実現した。旅によってもたらされた情報は君主たちの領土拡大の夢を広げ、さらに造船技術の進歩が大航海時代の幕を開いた。遠い土地の魅力的な資源や物産が運び込まれ、旅が大きな富をもたらすようになった。冒険と探検に憧れる人々が続出し、旅の話は誇張されて黄金郷などとして語られるようになった。故郷にもどって土産話に花を咲かすことが旅の本質であり、それは情報時代の現在でも変わっていない。

やぶを分けて進む

ゴリラを追ってアフリカの熱帯雨林を歩いているとき、ぎっくり腰になったことがある。ちょうど雨季で、あちこちに湿地ができ、そこを渡るときに足を取られて腰に大きな負担がかかったためだと思う。頑丈な長靴をはいていたので、泥にはまってなおさら足が重くなったのだ。

改めてゴリラの歩き方を見直してみた。ゴリラは脚が短く腕が長い。その上、お腹が大きいから、足が沼にはまってもずぶずぶと沈まない。お腹で浮き、手で沼を掻いて進む。湿地を走ってわたることもできる。ガニ股で短い脚は、こういうぬかるみを歩くのに適したものだとわかった。

日本にはナンバという歩き方がある。これは同じ側の手と足を同時に前方に出す歩き方だ。自然と肩で風を切るようになり、体をひねらずにすむので腰に負担がかからない。ゴリラの歩き方と似ている。違うのは人間が二足で立って歩くことである。ナンバ歩きをすると、いくぶんうつむき加減になり、ガニ股になる。私もナンバ歩きをしていたら、ぎっくり腰にならなかったかもしれない。

ゴリラを見ていて、この歩き方は森林ややぶの中で発達したものだと気がついた。手と足を交互に前へ出す西洋風の歩き方は、視界の開けた平坦な土地に向いている。脚を伸ばして弧を描くように前へ振りだし、重心を移動させて進む。でもこの歩き方は、障害物があったり、凸凹な道やぬかるんだ道ではやっかいだ。やぶを分けて進んだり、木々に背中を付けてあたりに気を配りながら歩くには、ナンバの方が適している。地面に何があるか不安な場所では、うつむき加減に歩く方が対応しやすい。

ナンバ歩きは、アフリカの森林に似た日本の風土に合ったものだったに違いない。脚が短くガニ股の日本人の体形も、ゴリラと同じような環境で暮らすために鍛えられた成果だったわけだ。そうしてみると、不格好だと思えた日本人の体形や歩き方が素敵なものに思えてきた。少なくとも、日本の自然にあった歩き方をしたほうが体にはいいはずだ。最近は和服が復活して、日本人の体形にあったおしゃれが見直されてきている。ひょっとしたら、ナンバ歩きをする若者が増える時代が来るかもしれない。

背中への愛

この三十数年間、野生のゴリラを追ってひたすらアフリカの熱帯雨林を歩いてきた。そこで直面するのは無数の虫との戦いである。川そばにテントを張るのだが、朝は小さなブトが霧雨のように降りかかってきて、露出した肌に食らいつく。ほっておけば、肌一面が刺され、真っ赤に腫れあがる。昼はツェツェバエが音もなく体に舞い降りて、ズキンとするほど強く血を吸いあげる。森で立ち止まれば、草についていたダニが這い上ってきて、いつのまにか体中に食らいついている。血を吸うと丸く膨らむが、なかなか取れず、無理に取れば肌に食らいついた頭が残る。夕刻になれば、たくさんの蚊が襲来するし、テントの外に靴を脱ぎ棄てておくと、サソリが入り込んでいることがある。

そんなわけで、フィールドに出るときは、虫よけスプレーや蚊取線香など、あらゆる種類の防御手段を講じてみるのだが、どれもあまり効果はない。その結果、体のあちこちに虫に刺された跡が残ることになる。これがとてつもなくかゆい。かけば腫れて熱をもち、夜眠れなくなることもある。かかずにいればいいのだが、かゆみをがまんするのはつらい。しかも、ダニもツェツェバエも、私の手の届かない背中をねらう。腕が太くて短い私は、背中全体に手を回せない。とくに肩甲骨のすぐ下あたりは、手が届かないせいか、いつも集中して刺される。ここを自分の手でかけないもどかしさはかなりのものだ。森を歩いているときに猛烈にかゆくなると、思わず木の幹に背中をこすりつけてごしごしとこすったりしたものだ。おかげですぐ、シャツの背中に穴があいてしまう。

そんな体験を経て、私は素晴らしい解決策を見つけた。背中かき器を常に持参することにしたのである。最初は竹で作られた伝統的なかき棒を購入した。すばらしい味わいである。これで背中をかくときの快感と言ったら、天国に昇るような気持ちである。しかし、いかんせん長すぎて収納するのに困る。いつも手に持って歩くわけにはいかない。

そこで、今度は鉄製のポインターのように伸縮自在なかき器を店頭で見つけた。先に手のような可愛らしいかき手がついている。これなら小さくなるので、胸にさしても持ち歩ける。しばらく、このかき器を愛用していたのだが、鉄製のために肌に当たる感触がいまいちである。しかも、伸縮するので思うように力が入らず、かゆい部分を心ゆくまでかけない。

あるとき、講演に呼ばれて行った先の旅館で、床の間にプラスチック製の背中かき器が鎮座しているのを見つけた。先が丸くなっていて、表面にいくつも小さい突起があり、少しカーブが付けてあり、絶妙にかゆい部分に当たる。しかも、細かい場所を集中してかけるような補助機までついているし、折り畳み式で二つに折ると短くなる。私は青い鳥を見つけたような心持ちで、さっそくフロントに問い合わせて購入した。

以来、私の旅のお供はこのプラスチック製の背中かき器となった。でも、やはり一番の快感を覚えるのは竹製のかき器なので、これは寝室の枕もとに備えてある。そして、鉄製のかき器は、最も小さくなるので、急ぎの出張などに連れていくことにしている。

背中がかゆくなっても安心という心持ちは、私に大きな余裕を与えた。それまではかゆくなったら何でかこうかと、対象物を探しながら森を歩いていたので、調査に身が入らないこともしばしばあったのである。人間にとって決して肉眼で見ることのできない背中は、心身の安定に意外に重要な場所なのである。背中かき器の存在は重要だ。しかし、背中かき器にも増してすばらしいものがある。それは、人の手である。愛情をこめて背中をかいてもらうときほど幸福なときはない。人間はそのために、パートナーを探すのかもしれない。

旅の効用

私が長年付き合ってきたゴリラやサルと比べると、人間は3つの自由を駆使して社会を拡大してきたと思う。それは、動く自由、集まる自由、語る自由である。

サルたちは年間せいぜい数十㎢の範囲しか動いていない。集団生活をするサルは四六時中同じ集団の仲間と付き合い、他集団のサルとは敵対関係にある。いったん集団を離れると、元の集団にはなかなか戻れないし、他の集団に加入するのも容易ではない。しかも、言葉がないので仲間とは今見ていることを共有するしかない。

一方、人間は交通機関を使って地球上の至る所まで足を延ばせるようになった。飛行機を使えば1日で地球の裏側へ行くこともできる。出かけた先々で、その土地の人々の集まりに参加して交流できる。さらに、言葉を使って自分の見聞きしたことを人々と語り合うことができる。人間に旅が可能なのは、この自由のおかげである。

なぜ、こんなにも3つの自由を広げることができたのか。それは、人間がどこへ行っても集団のために尽くすという倫理を持ったせいであると私は思う。そして、それは人類が共同保育をするようになって、子どもたちの生存と成長のために自己犠牲を厭わず協力する精神を発達させたからだろう。だからこそ、どの集団でも異邦人を受け入れるし、初顔の訪問者は自分が集団のマナーを守り、集団のために尽くす用意があることを表明する。まさに、「郷に入れば郷に従う」という精神があるからこそ、いくつもの集団をわたり歩いて行けるのである。

旅は多くの新しい出会いと気づきから成り立っている。旅先では、生まれ育って長年親しんだ風景とは違う景色が広がっている。それは自然であっても純粋な自然ではない。なぜなら、私たち人間は文化のフィルターを通して自然を眺めるからである。カラマツ林に詩情をかきたてられるのも、青く澄んだ湖水に目を奪われるのも、春霞に浮かぶ新緑の山々に心を湧き立たせるのも、文化によって意味づけられた風景だからである。しかし、異郷の地を訪れると、その土地の人々のまなざしを追うことで、そこに自らの文化とは違ったものに気づく。それが旅の効用である。

「観光」の語源は、中国の四書五経の一つ「易経」にある「観国之光」とされている。まさに「国の光を観る」ことにあり、訪れた土地の文化や政治や人々の暮らしを観察し、それを伝えるといった意味がある。おそらく、日本でも人々は農閑期になると、連れ立って遠くにある神社仏閣に詣でたのだろう。そこで見たり聞いたり体験したりしたことを故郷の人々に伝え、自らが暮らす土地の文化や風俗を見直す知恵を得たに違いない。

このように旅は新しいことやものに出会う機会を与えてくれる。しかし、昨今の情報時代はあらかじめ行く先の事情を調べて旅をすることが一般的になった。すでにわかっているものに出会い、期待していることが起こる。旅の持つ本来の魅力である、新しい出会いと気づきをどうしたら得られるか。時には情報に頼らず、偶然の成り行きに身を任せてみる旅も必要なのかもしれない。

ゴリラと野生生物の復活劇

忘れられない風景がある。1980年に、私が最初にウガンダを旅した時のことだ。ザイール（現コンゴ民主共和国）へ陸路で向かうために車でウガンダを抜けていったのだが、アミン政権崩壊の直後で国内は混乱していた。ケニアの国境ブシアを越えてウガンダに入ると、たちまち武装した兵士の姿が目立つようになり、数百m進むたびにドラム缶や鉄条網で作られた関門が待ち構えていた。首都のカンパラが近づくと、道路にはまだ犠牲者の死体が放置されているのが目に入った。ホテルは軒並み爆撃で壊され、ビルの残骸には銃弾の痕が生々しく残っていた。南の州都カバレを通ってルワンダへ抜けるまで約600㎞を車で走ったが、ハゲコウやハタオリなど数種の鳥以外、野生動物の姿を全く見かけなかった。

それまでウガンダは野生動物の宝庫だった。大地溝帯が南北に走り、ルウェンゾリなどの高山地帯、アフリカ最大のヴィクトリア湖を有し、熱帯雨林、湿原、サバンナなど多様な地形と植生に多様な動物が生息し、とくに大型哺乳類と鳥類の種類と量では抜きんでた存在だった。クイーン・エリザベス国立公園には至る所にゾウの群れが闊歩し、キデポ渓谷の水辺はカバで埋め尽くされていると言われていた。それらの大型動物の約95%がアミン動乱後の10年間に消滅したと推測されている。多くの保護区は戦場となり、兵士や難民によって大量の動物が銃火の犠牲になったのである。

私の調査対象のゴリラも大きな被害を受けた。ウガンダにはヴィルンガとブウィンディという二つの保護区にゴリラが生息している。アフリカ中央部の熱帯雨林を故郷とするゴリラが、大地溝帯より東に生息しているのはここだけで、もっとも標高が高い山地に棲むのでマウンテンゴリラと呼ばれる。ブウィンディ森林は北部と南部に分かれるが、1980年代初めの調査では南部だけに100頭ほどのゴリラの生息が見込まれた。現在は北部につながるコリドーにも姿を現し、400頭を超えるゴリラが確認されている。8つの火山から成るヴィルンガ火山群のうち、ウガンダ側にあるのはムハブラ山とンガヒンガ山だが、私が1980年に訪れたとき、どちらの山にもゴリラの痕跡は見られなかった。現在は少なくとも3群約70頭が確認されている。戦乱中は群れが消滅したか、国境を越えて安全な場所に移動していたのだろう。

ゴリラは世界最大の霊長類で、成熟したオスは体重200kgに達することがある。チンパンジーについで人間に近縁で知能が高い。このため、古くからさまざまな逸話を生んできた。キングコングのモデルになったのも、凶暴で美しい人間の女性を好むという噂が流れたためである。1846年に発見されて以来、探検家たちはこぞって巨体のオスゴリラを仕留め、生きたゴリラを欧米の動物園に運んだ。マウンテンゴリラは1902年に発見されたが、当初から野生の生息地の保護が奨励された。そのため、1925年にはヴィルンガ全体がアフリカで最初の国立公園となり、現在は動物園では見られない。

日本人が野生のゴリラと対面したのも意外に古い。日本で最初にゴリラが一般に公開されたのは1957年の上野動物園だが、それより20年以上前の1931年に当時モダン侯爵と呼ばれた蜂須賀正氏がベルギーの探検隊に参加し、東京日日新聞の記者、三好武二とともにヴィルンガを訪れている。蜂須賀は多くの野生動物を撃ち、ゴリラの群れに遭遇し、大英博物館から依頼されたゴリラの巣を収集した。ゴリラとの出会いは一瞬で、流布していた噂のためか「醜怪な」という印象を残している。しかし、1950年代にドイツ人のワルター・バウムガルテルがムハブラ山のふもとにトラベラーズ・レストを建て、ゴリラツアーを始めると、ゴリラの印象は徐々に変わっていく。彼は当時日本で成功したニホンザルの観光事業を知って、ゴリラを餌付けしようと考えた。50年代後半には今西錦司たち日本の霊長類学者がムハブラ山を訪れ、ゴリラの餌付けと調査を試みる。しかし、ゴリラは人間の餌に手を伸ばすことはなく、ミケノ山で餌を用いずに調査していたアメリカ人のジョージ・シャラーがゴリラの観察に成功する。そして、コンゴ動乱の後その調査を引き継いだダイアン・フォッシーによって、ゴリラを間近で観察することができるようになったのである。

私は1980年にフォッシーのもとでゴリラの調査を始めたが、このときヴィルンガ全体でゴリラは240頭前後しかいなかった。保護区内でも山のふもとには多くの罠が仕掛けられ、ゴリラは山に上の方に追い詰められていた。ゴリラが密猟された現場に出くわしたこともある。それが最近では480頭に増えた。地元の政府が自然保護政策を強化し、人々にもゴリラの観光資源としての価値が認められるようになったおかげである。観察できるゴリラの群れは次第に増え、私たちはゴリラの生態を次々に明らかにしていった。ゴリラが平和を好み、子煩悩で、なわばりをもたず、人間の家族に似た群れをつくっていることがわかってきた。ゴリラはキングコングではなく、人間の進化の隣人と見なされるようになった。

蜂須賀、今西、そして私が訪れた時代は、それぞれ違うウガンダの顔を映し出している。植民地時代に白人ハンターがビッグ・ゲームを楽しんだ時代、独立前夜でウガンダ人が自らの土地と資源に目を向け始めた時代、そして独裁政権による大破壊から立ち直ろうとしていた時代である。1960年にブウィンディの森を歩いた伊谷純一郎は、その「入らずの森」がいかに豊富な動植物に満ちており、狩猟採集民のトゥワ人がそれを昔ながらの方法で利用して暮らしている様を生き生きと描いている。現在トゥワ人たちは昔の森の暮らしを再現したカルチャーツーリズムに一役買っている。

21世紀を迎えて、ウガンダの自然保護政策は功を奏し、危機に瀕した野生動物たちは次々に復活の兆しを見せ始めた。ウガンダにある10国立公園で確認されている鳥の種類は少なくとも547種、世界でも最大級の種数を誇っている。哺乳類はかつて見られた341種のうち234種が確認されている。未確認種の多くはげっ歯類とコウモリ類で、人目につかないところで小型の哺乳類が絶滅していることがわかる。希少種のシロサイやクロサイが絶滅してしまったのは残念だが、ゾウは10中9の国立公園に生息しており、カバやバッファローは着実に数を増やしている。霊長類は16種で、すべての国立公園に生息する。ケニア、タンザニアに続いてウガンダは観光立国となり、とくにゴリラやチンパンジーをはじめとする霊長類が観光の目玉である。ゴリラはンガヒンガとブウィンディ、チンパンジーはブドンゴ、キバレ、カリンズといった保護区や国立公園で見ることができる。ウガンダは度重なる戦火の被害を受けつつも、野生動物たちが見事に復活したまれな国である。しかし、1960年代に700万人だった人口も7倍近い4725万人に増えた。これからどうやって野生動物と共存していくかが、この国の大きな課題だと思う。

〔参考文献〕
伊谷純一郎（1961）『ゴリラとピグミーの森』、岩波新書
青木澄夫（2000）『日本人のアフリカ発見』、山川出版社
山極寿一（2005）『ゴリラ』、東京大学出版会

ゴリラのエコツーリズム

ここ数年、アフリカのガボン共和国でゴリラのエコツーリズムを立ち上げようと活動している。野生のゴリラは長い間、人間に狩りたてられてきたため、強い敵意を抱いている。だから、近づいてその行動を観察するには、まず彼らの敵意を減じる必要がある。これには長い時間がかかる。アフリカ中央部にそびえるヴィルンガ火山群では、1950年代から野生のマウンテンゴリラに近づいて観光化することが試みられたが、実現したのは1980年代になってからだった。

大西洋岸に面するガボンには、マウンテンゴリラとは種の異なるニシローランドゴリラが生息している。ここのゴリラは人々の食料とされてきたため、マウンテンゴリラ以上に人間を怖れていた。私は1994年以来、ゴリラを人間に馴らす試みを続けてきたが、最近やっと一つの群れが私たちの訪問を受けて入れてくれるようになった。ゴリラが間近で観察できるようになり、マウンテンゴリラとは違う生態や行動をしていることが明らかになりつつある。

たとえば、マウンテンゴリラは地上性だが、ニシローランドゴリラはよく木に登る。ヴィルンガの高い山の上ではゴリラの食物は地上に生える草ばかりだが、ガボンの熱帯雨林では樹上でゴリラの好きな果実が豊富に実るからである。ガボンではアリやシロアリなどの昆虫もよく食べる。ベッドも木の上に作るし、同じ場所を繰り返し利用する。オスどうしは互いに張り合っていて、成熟すると同じ群れでは共存しない。複数のオスが協力して群れをつくるマウンテンゴリラとはだいぶ違う。

面白いことに、世界の動物園で暮らすゴリラはみなニシローランドゴリラである。ところが今まで野生の暮らしがわかっていなかったために、マウンテンゴリラの生態や行動を参考にしてきた。だからゴリラの園舎にはほとんど木がなく、食べ物も野菜が中心だ。昔は肉食と間違えられて、馬肉を与えていた動物園もあった。もっとニシローランドゴリラの本当の暮らしを知ってほしいと思う。

そこで、私たちはこれまで研究してきたガボンのムカラバ国立公園で、ニシローランドゴリラのエコツーリズムを企画することにした。2009年からJST（科学技術振興機構）とJICA（国際協力機構）の合同プロジェクト地球規模課題対応国際科学技術協力の一環として、「野生生物と人間の共生を通じた熱帯林の生物多様性保全」という事業を実施している。アフリカの熱帯雨林の生物多様性には大型哺乳類の貢献が大きいので、まず大型哺乳類と植物の多様性を調べ、ゴリラをはじめとする霊長類の観察を目玉としたエコツーリズムを展開しようという計画である。

ここではもう10年以上にわたって地元の村人を雇用し、ガボンの研究者と協力しながら霊長類の研究を続けてきた。その中で、エコツーリズムを担当できる人材が育っている。日本でも2007年にエコツーリズム推進法が施行され、地域ぐるみの構想や運営が重要視されているが、地元住民の積極的な参加がなければこの計画は絵に描いた餅である。今まで私はルワンダやコンゴ民主共和国で、外国人主導の保全計画や観光が内戦によってあっけなく挫折するのを何度も目の当たりにしてきた。その経験をもとに、コンゴでは地元の人々から成るゴリラと人との共生を目指したNGOの立ち上げに参加し、内戦下でもぎりぎりゴリラを生き延びさせることに成功してきた。ガボンでも保全と観光の主役は地元の人々であるという信念は変わらない。

エコツーリズムは自然にやさしい観光のスタイルで、環境教育に利用され、地域振興に寄与することが期待されている。それを達成するために、私たちは「語りを重視した観光」を構想している。観光客が知りたいのは、観察する対象の科学的知識だけでなく、それが具体的にどのような暮らしを営んでいるかということだ。それにはその対象を個別に知り、実際の暮らしを語る知識が必要である。そこに地元の人々との関係や言い伝えを盛り込んでもいい。その語りを科学的に価値づけるのが私たち研究者の役割である。外部の人に語ることによって、地元の暮らしの価値を再認識できるという効果もある。エコツーリズムとは、科学的知識に基づいた語りと交流によって自然と文化の価値を高めることにあると私は思う。その実現へ向けて、今最後の仕上げにとりかかっている。

エコツーリズムと科学外交

エコツーリズムは、「持続的な開発」という概念が提唱された1970年代から徐々に盛んになってきた観光スタイルである。観光産業と自然保護、地域振興の融合を目指した活動として注目されてきた。

これまでに成功した事例も各地で知られているが、問題点も数多く指摘されている。その主なものは、①観光目的が一元的な価値観に基づいており、②経済効果を上げるためにマスツーリズム化する傾向があり、環境に大きな負荷がかかる、③地域の発展に寄与していない、である。私がこれまで関わってきたゴリラを観光対象とするエコツーリズムも、これらの問題を抱えている。

ゴリラの人気は19世紀に欧米の人々によって作りだされたキングコングのイメージからくるものだし、ルワンダのマウンテンゴリラは野生のポピュレーションの70%以上がすでに人付けされて観察可能となっている。観光収入はルワンダの外貨獲得額でトップとなったが、地元に十分に配分されているとは言えない。これらの問題を解決して本来の目的に沿ったエコツーリズムを推進するために、私は新たな科学外交が必要だと思う。

２００９年から私たちはＪＳＴとＪＩＣＡの助成を得て、ガボン共和国の科学技術研究所と協力して「野生生物と人間の共生を通じた熱帯林の生物多様性保全」を始めた。目標達成のための方策として、エコツーリズムの推進を挙げている。その具体的な方針を述べながら、これらの問題を解決する糸口を探ってみよう。

まず、科学者がエコツーリズムに主体的に関わることによって、きちんとした運営プログラムを作成できると思う。これまでは観光開発が先行し、それに科学者が後から解説を加えることが多かった。これでは、その土地の生態特徴に合ったエコツーリズムを構想できず、経済的価値ばかりが優先されてしまう。生態系の特徴について十分に調査し、指標となる動植物を選び出して、その生態系を維持する条件をきちんと考慮することが先決である。そのうえで、エコツーリズムとして利用できる自然資源を選定し、どういった客を相手にどんな観察学習コースが可能かを科学者の目で検討しなければならない。エコツーリズムは、自然が長い年月をかけて作り上げた物語を体験を通して読み解く旅だからである。

自然はその土地に生きる人々の影響を受け、人々もまた自然を多様に利用して暮らしてきた。自然の物語は人々の物語でもある。これまでのエコツーリズムは自然ばかりに目を向けていて、地元の文化に対する配慮が足りなかった。先進国ではすでに失われてしまった、未開の脅威に満ちた自然を好む、一種のオリエンタリズムが観光の動機となっているからだ。

それを学びの意識に変え、多様な文化の価値を示すこともエコツーリズムの目的の一つである。

私たちが調査を行っている地域は、これまで植民地化と有用木材の伐採によって地元の文化が崩壊した地域である。伝統は否定され、自然とのかかわりが断ち切られ、外からかり集められた労働力によって村の自治は一変した。そういった混乱の時代が去って、村人たちは断片的な昔からの知識をかき集め、再び自然と向かい合って生きようとしている。それを私たち科学者が後押しをして、伝統的な技術や知恵を復活させ、自然との調和に基づいた新しい文化を創造しようというわけである。それには他の文化との比較や、外からの評価が必要になる。エコツーリズムは最適な促進剤なのだ。

日本の科学技術を使って、アフリカの熱帯林で自然と向かい合って暮らす人々の生活を、低コストで持続的なものにすることは可能である。それには何よりも人々が地元の自然と伝統に誇りを持たねばならない。その価値づけを国際協力に基づいて科学者が行い、自然と人間が共存する価値を学ぶために観光客が来る場所づくりを地元の人々とやろうというのが私たちのプロジェクトの目的である。熱帯林に近い自然を有し、アフリカを植民地にしなかった日本には、欧米にはない協力事業を展開できる可能性がある。5年後にはきっといいモデルを提供できると期待している。

第2章

ゴリラの家族

ゴリラの老いは美しい

長い間、アフリカに通ってゴリラの調査を続けてきた。なぜ、こんなにもゴリラに惹かれたのかと言えば、その魅力の一つに老いの美しさがある。それは、オスもメスも子どもたちに囲まれ、敬意を受けて老いるということにある。

ゴリラの前はニホンザルの調査をしていたのだが、ニホンザルの老いは少し寂しいものだった。メスは生まれ育った群れを生涯離れないが、老いれば力が弱り、体の大きなオスから邪魔者にされる。血縁の近いメスたちがいるのだが、それほど助けてくれるわけではない。だから、ときには餌に執着するような浅ましい態度を示して、オスに邪険に追い払われることがある。オスは生まれ育った群れを離れ、さまざまな群れをわたり歩いて行くのだが、老いると力が弱り、若くて強いオスに群れを追い出される。独り暮らしをするか、群れにいるためには控えめな態度をとらねばならなくなる。

でも、ゴリラは違った。オスもメスも群れを追い出されることなく、若い世代から敬われて暮らすのである。ゴリラの社会では、オスもメスも思春期になると生まれ育った群れを出る。メスはすぐに気に入ったオスを見つけていっしょになり、新しい群れ生活を送るが、オスはしばらく単独で暮らした後にメスを誘い出して自分の群れを作る。オスは他の群れに加入できないし、自分の生まれた群れに戻ることもできない。でも、いったん群れを作ったら、外から来たオスにも自分の息子たちにも追い出されることはないのだ。

その理由はオスの子育てにあると私は思う。ゴリラの赤ちゃんは3、4年はお乳を吸って育つ。離乳を始めるとお母さんは子どもを父親のもとへ運び、育児を任せる。子どもたちは一日中父親の後をついて回り、父親のそばにベッドを作って眠るようになる。母親は育児から解放されると発情して次の子どもを作る。別のオスのもとへ走るメスもいるが、子どもたちは父親のもとに残る。乳離れした子どもたちの安全を守り、子どもたちを仲良くさせて社会勉強させるのは父親の仕事なのだ。

そのためか、ゴリラのオスは子どもに頼られるようになると、背中の毛が白銀色に染まり、頭頂部が突出し、前腕部の毛が長くなり、見るからに威厳を持つようになる。そして、年をとるごとに白銀色の毛は腰や脚にまで広がり、暗い森の中で光り輝くようになる。老齢のオスがもっとも美しく見えるのだ。息子たちは成長して父親より力が強くなっても、決して父親を邪険に扱うことはない。たとえ、外から強大なオスがメスを誘惑しにやってきても、子どもたちが父親を見捨てることはない。だから、ゴリラのオスは死ぬまで群れのリーダーであり続けることができるのである。

人類の祖先の社会もこうしたゴリラに似たような特徴を持っていたのではないかと私は思う。つまりオスがメスから子どもを預ける相手として選ばれ、子どもたちに保護者として慕われて父親になる。イクメンだからこそ、年をとってもイケメンでいられるのだ。男も女も未来を作る子どもたちを育てるからこそ美しくなれるし、美しく見える。きっと人間の社会もそうして作られたのではないだろうか。

タイタスの老年期

長い間、野生のゴリラの調査をしてきたなかで、タイタスは最も忘れられない友だちである。1980年に中央アフリカのヴィルンガ火山群でマウンテンゴリラの調査を始めたとき、彼は6歳だった。ゴリラの年齢は人間の1・5～2倍だから、ちょうど小学校を終えるぐらいの年だったことになる。

その2年前に、彼はとてつもない悲劇に直面した。彼が生まれ育った集団が人間のハンターに襲われ、リーダーのシルバーバック（背中の白い成熟したオス）や若いオス、メスたちが次々に殺された。その結果、支えるオスを失った集団は崩壊し、メスたちは近隣の集団へ移籍し始めた。タイタスの母親も4歳年上の姉も別の集団へと移り、タイタスはビツミー、タイガーという年上の若いオスたちと残されたのである。4歳といえば、やっと乳離れしたばかりである。家族を一度に失って、タイタスはきっと悲嘆に暮れたことだろう。

ゴリラの社会では、シルバーバックがメスといっしょに暮らしている集団に、外からオスが加入することはできない。そのため、3頭のオスたちはその後、オスだけの集団を組んで気ままな独身生活を送ることになった。やがて、それまで独り暮らしをしていたシルバーバックのピーナツと、エイハブ、シリー、パティという若いオスたちが加わり、集団は7頭の独身オスグループになった。ゴリラのオスはふつう、背中が白くなり始めると生まれ育った集団を離れて独り暮らしを始める。数年間独りであちこち放浪したあげく、他の集団からメスを誘い出して自分の繁殖集団を構える。タイタスたちのように、オスたちが集団を組んで、しかもまだ年端のいかない子どものゴリラを含む集団をつくるなんて、それまで聞いたこともなかった。そこで、私はタイタスたちの集団を観察してみようと考えたのである。

私は朝から日が暮れるまでタイタスたちと過ごした。寝泊まりしているキャンプは標高3000mの火山群の鞍部にあった。日差しは強いが、朝晩はとても冷え込む。厚い霧が山々を包み込み、ときどき最高峰のカリシンビ山（4507m）の頂には雪が積もった。私は朝暗いうちにキャンプを出て、まだベッドで寝ているタイタスたちを見つける。そこでゴリラたちといっしょに過ごし、日が暮れかかると大急ぎでキャンプにもどってくる。だいたいは歩いて約30分から1時間以内の距離にいるが、遠いときは片道6時間も歩かなければならなかった。ときどき道に迷って森で夜を明かした。ほとんどいつも独りで歩いていたが、心細くはなかった。ゴリラにできることが自分にできないはずはないと思っていたからだ。約2年間、断続的ではあったがゴリラの中で暮らした。人間と付き合うより、ゴリラたちとずっと濃密な時を過ごした。ゴリラの速度で歩き、ゴリラのしぐさであいさつし、ゴリラの音声で応える毎日だった。

　オスたちは実にのんびりと暮らしていた。朝は陽があたりだすまでベッドにいて、それからゆっくりとセロリやアザミを食べ、追いかけっこやレスリングをして遊び、悠々と昼寝をする。午後は少し遠出をして、甘いキイチゴなどのごちそうを探しに出かける。サルたちやゾウに会うのもこんなときだ。食べ飽きると思い思いの場所にベッドをこしらえて眠りにつく。メスや子どもたちのいる集団だと、小競り合いがあったり、あちこちで子どもたちが走り回っているので、結構騒々しい。リーダーのシルバーバックはけんかの仲裁に腰を上げなければならない。オスばかりの集団ではそういった騒動がめったになく、いつも驚くほど静かな日々を送っていた。

　そんな中で、いちばん声をあげて忙しく立ち回るのがタイタスだった。最も年少の彼は、どんなオスに対しても遊びを誘い、肩をたたき、腹を押しつけては、愛嬌をふりまいた。ふだん気難しそうにしているシルバーバックもついその誘いに乗ってしまい、すばしっこく飛び回るタイタスにさんざんに翻弄されることになった。私もよくタイタスの遊び相手にされ、抱きすくめられたり、転がされたりした。強い雨のときなど、木の洞に入って雨宿りをしていると、タイタスが入ってきて2時間余りも抱き合って過ごすことになったことがある。私の肩にあごを乗せて眠ってしまったタイタスを、私は不思議に思いながら見つめていた。これまで敵だった人間をこんなにも信頼することができるものだろうか。タイタスが家族を失ったのは人間のせいである。そんなつらい記憶をゴリラは忘れてしまえるのだろうか。いやそもそも記憶とは、過去と現在を生きるということはゴリラにとってどういうことなのだろうと思ったのである。

それから26年間、私はタイタスと会うことができなかった。長年ここでゴリラの研究を続けていたダイアン・フォッシー博士が何者かに惨殺され、さらに国の内外で内戦が勃発して、私は調査地を変えねばならなかったのである。でもタイタスは戦争の時代を生き抜いた。多くのゴリラが傷つき、病気に倒れていくなか、自分の集団を作ってリーダーとなり、20頭に及ぶ子どもを育てたのである。風の便りに、私はタイタスの噂を聞いていた。オス集団を離れて年上のオスといっしょにメスを誘って集団を作り、やがてそのリーダーとなったこと。息子たちを手厚く育て、彼らが成人してからもいっしょに暮らしていたこと。そして、その息子たちがタイタスのもとを離れても、いっしょに仲良くメスたちと暮らしていること。複数のオスがいっしょにメスと共存するのはゴリラの社会では異例のことだ。ゴリラのオスは成熟するとメスをめぐって激しく対立するようになるからだ。タイタスに他のオスとの共存が可能だったのは、彼が幼年期にさまざまなオスと暮らしていたからだろう。その経験を息子たちも学びとったのではないだろうか。

私はタイタスに無性に会いたくなった。タイタスが昔の記憶をもっているかどうか確かめたくなったのである。２００８年末にアフリカに行く機会をとらえて、私はヴィルンガの山を登った。タイタスと私の再会と、複数のオスが共存する様子を映像に収めるため、NHKの撮影隊も同行してくれた。タイタスとの出会いは私の予想をはるかに超えるものだった。

　久しぶりに再会したとき、タイタスはずいぶん年老いて見えた。肩の肉が落ち、目もしょぼしょぼしていて、動作も緩慢だった。私は近づいてあいさつの声を発した。タイタスは不審そうにわたしをちらちら見たが、どうも私に気がついてはいないようだった。でも4日後に再び会いに行ったとき、彼は私を見るなりまっすぐ近づいてきて、すぐ近くに座って私をまじまじと見つめた。私がグフームとあいさつ音を発すると彼も同じ声で応えた。後でビデオを見て気がついたのだが、このときタイタスの顔がみるみる子どもっぽくなっていった。顔に生気がみなぎり、目がきらきらといたずらっぽく輝いた。それから彼がした行動に私は目を見張った。仰向けに寝転がると、両腕を頭の下にしいて空を見上げたのだ。子ども時代によくやっていたしぐさである。そして、近くにいた子どもを捕まえると、口を開けて楽しそうに笑いながらレスリングを始めた。私はタイタスが昔を思い出したことを確信した。私を思い出したというより、私を通して過去の自分にもどったのだ。人間でもよく、昔大事にしていた人形やおもちゃに出会って、ふと昔の自分にもどったような気分になることがある。それとよく似た現象を私はタイタスに見たに違いない。

　タイタスはふと我に返ると、再び私をじっと見つめて森の奥へ消えていった。そのとき私は、ゴリラも人間に劣らないほど記憶と経験によって現在を生きていることがわかった。老年期の楽しみは過去との再会なのかもしれない。過去の自分を思い出すことによって、それを子どもたちに伝え、未来の世代を作る。それこそ老年期にしかなしえない業である。私にはタイタスが今、じゅうぶんにその業を用いて老いの日々を楽しんでいるように思えた。

泣かないゴリラの赤ちゃん

アフリカで野生のゴリラの調査をしていた頃、思いがけずゴリラの赤ちゃんを育てることになった。密猟者に群れを襲撃され、逃げまどう母親から振り落とされて保護されたゴリラである。まだ1歳に満たない赤ちゃんだった。何とか生き延びさせて、群れを探し出し、母親の元へ返そうと私たちは懸命になった。

赤道直下のアフリカとはいえ、標高3000m近い高地である。夜は冷えるので赤ちゃんを毛布にくるみ、何度も哺乳瓶でミルクを与えた。最初はおびえていた赤ちゃんも哺乳瓶をくわえてジュパジュパと音を立ててミルクを飲むようになった。飲み終わっても、私の腕に抱きついて離れようとしない。そのうち、どこへいくにも私の足に抱きついて離れなくなってしまった。人間の赤ちゃんと同じで、やはり頼れる保護者が必要なのだなあと思ったものだ。

そのとき、不思議に思ったことがある。ゴリラの赤ちゃんは泣かない。とても、おとなしいのだ。人間の赤ちゃんならけたたましく泣く。とりわけ、母親からはぐれた赤ちゃんは声をからすほど泣き続けるはずだ。でも、ゴリラの赤ちゃんはとてもおとなしく、人間の私に抱かれている。当初、それはゴリラの赤ちゃんが恐怖のあまり声が出せないのだと思った。ところが、人間になれてきても泣かないし、後に日本モンキーセンターに勤めるようになって、ゴリラの赤ちゃんを育てた飼育員に聞いてもやはり泣かないという。さらに、ここでチンパンジーやオランウータンの赤ちゃんの人工保育に参加してみると、やはり泣かないことがわかった。赤ちゃんが泣くのは人間だけで、それはサルや類人猿からすればとてもおかしなことだったのである。

たしかに、野生の暮らしでは、赤ちゃんが大声で泣くのは肉食獣の注意を引くので危険だ。生まれたばかりの赤ちゃんは無力だし、母親もまだ体力が回復していないので餌食になる恐れがある。泣かないほうが自然なのだ。ではなぜ、人間の赤ちゃんはそんな自然のルールに反して泣くのだろう。

それは、人間の母親が赤ちゃんをすぐに手から離してしまうからだ。生まれてすぐ、赤ちゃんは母親以外の人の手に渡され、あるいは揺りかごにひとりで寝かされる。ゴリラの母親は生後1年間、赤ちゃんを腕から離さない。だから、赤ちゃんが不機嫌になったり、不具合を感じたら、体を動かして母親に伝えればいい。母親はすぐ気づいてくれる。でも母親からすぐに離される人間の赤ちゃんはいつも、自分の存在を周囲にアピールしていなくてはならない。周囲が気づいてくれなければ命の危険がある。泣くのは赤ちゃんの自己主張なのだ。

人間の祖先は、いまだに類人猿が棲み続けている熱帯雨林を出て、草原へと進出した。そこで地上性の肉食獣を避ける安全な場所は限られている。おそらくそうした場所を繰り返し使い、赤ちゃんが泣いても安全な条件がそろってから、人間の母親は赤ちゃんを手放すようになったのだろう。それはいつのことだったのか。人間は多産である。ゴリラは4年に1度、チンパンジーは5年に1度しか子どもを産めない。多産になるため、人間は赤ちゃんを早くお乳から引き離し、出産間隔を縮める必要があったのだ。それが人間の赤ちゃんを泣かせ、共同育児を引き出した。泣く赤ちゃんは、人間の祖先が危険な環境で生き抜くために生み出した、多産と共同育児の申し子だったのである。

親離れと子離れの時期

長い間ゴリラと付き合ってみて、私が感心するのは親子の別れるいさぎよさである。ゴリラの子どもはとても甘えん坊だし、親たちは子どもをとても大切に育てる。赤ちゃんは2kgに満たない小さな体で生まれてきて、3、4年はおっぱいを吸って育つ。母親は生後1年間は片時も赤ん坊を腕から離さないから、赤ちゃんはとてもおとなしい。何か不具合があれば、小さくうなるか、体を動かせば、母親はすぐに気づいてくれる。だから、人間の赤ちゃんのようにけたたましく泣いて、自己主張をする必要はないのだ。

でも、ゴリラの成長は早い。乳離れをして5歳になればもう体重は50kgを超える。お乳を吸っている間は肛門の周りの毛が白く、後ろ姿ではっきりわかる。離乳する頃になるとこの白い毛が消えて、目立たなくなる。母離れの時期が到来するのである。

実はこの母と子の別れは、母親によって周到に準備されているのだ。母親は子どもが1歳を過ぎると、子どもを父親のシルバーバックのそばに連れていく。そして、子どもがお父さんの白い背中に興味を示して遊んでいるすきに、子どもを置いてそうっと離れ、ひとりで採食を始める。子どもはお母さんがいないので、最初はきょろきょろ辺りを見回してその姿を探すが、シルバーバックのそばには同じように母親に置いてきぼりにされた子どもたちがいる。すぐに、それらの子どもたちに誘われて遊び始める。やがて、母親がいなくても気にしなくなり、自分からシルバーバックのそばにやってきて遊ぶようになるのだ。

離乳すると、それまでお母さんのベッドで寝ていた子どももゴリラは、お父さんの大きなベッドのそばに自分の小さなベッドを作って眠るようになる。シルバーバックは自分のところにやってきた子どもたちに実に寛容で、背中を滑り台にされたり、頭を叩かれたりしても決して怒らない。じっと動かずに子どもを遊ばせ、時折グフームと低くうなるぐらいだ。ただ、子どもたちがけんかをして悲鳴を上げたりすると、間髪入れずに太い腕で押さえつけて止める。その仲裁がまことに見事だ。けんかを仕掛けたほうを止め、体の大きいほうを抑えるのである。決してえこひいきしたりしない。だから、子どもたちはけんかを止められているのだと納得し、ますますシルバーバックを頼るようになる。

子どもたちが四六時中シルバーバックのそばにいるようになると、母親はもう子どもを構うことをしなくなる。傍目ではどの子の母親かわからなくなるほど、子どもとは疎遠になる。子育ては母親から父親へとあっさりバトンタッチされるのだ。やがて次の子どもを身ごもるメスもいるし、他のオスについて群れを離れるメスもいる。その際は決して子どもを連れていかない。もう子育てから卒業して、子どもは父親にすっかり任せ、自分は新たな恋の道へといった風情だ。

子どもたちは思春期まで父親を頼って育ち、やがて娘も息子も群れを離れていく。とくに娘は思春期になると父親を避ける傾向がある。これも実にあっさりと旅立つ。このいさぎよさは人間も見習っていいのではないかと思う。

ゴリラにみる親子関係から学ぶ

　ゴリラからみると、人間はとても不思議な子どもの成長と子育ての特徴を持っている。ゴリラの赤ちゃんは平均体重１・６kgで生まれてくるが、人間の赤ちゃんは３kgを超える。ゴリラの赤ちゃんが3年間お乳を吸うのに対し、人間の赤ちゃんは1歳前後で離乳してしまう。これらの特徴から人間の赤ちゃんは成長して生まれてくるのかと思えば、ゴリラよりずっと成長が遅い。しかも、ゴリラの赤ちゃんは離乳するときにすでに永久歯が生えているのに対し、人間の赤ちゃんは６歳になってやっと永久歯が生える。それまでの間、華奢な乳歯で硬いものが食べられない。今でこそ人工的な柔らかい食物があったり、調理できるので離乳食には事欠かないが、農耕や牧畜が始まるまで親たちは特別な離乳食を見つけてこなければならなかったはずである。なぜそんなコストをかけてまで、離乳を早め、重たい赤ちゃんを産むのだろうか。

　それは、人類が進化の初期に類人猿の棲む熱帯雨林を離れ、樹木のない草原へと進出したことに起因する。熱帯雨林は年中食物が絶えず、安全な場所である。草原へ出ると乾季が長くなって食物が不足する。人類が最初に身につけた独自の特徴は直立二足歩行で、分散した食物を集めて仲間のもとへ持って帰るために発達したと考えられる。しかし、この歩行様式は四足歩行に比べて敏捷性や速力が劣り、地上性の大型肉食獣には無力であったであろう。とくに、肉食動物は幼児を狙うので、幼児死亡率が増大したはずだ。そこで、人類は餌食になる哺乳動物のような多産の特徴を身につけた。それは一度にたくさんの子どもを産むか、短期間に1頭ずつ何度も産むかであり、人類は後者の道を選択した。そのため、離乳を早めて排卵周期を回復させ、出産間隔を縮めたのである。

しかし、200万年前に脳が大きくなり始めたために、子どもの成長を早めることができなくなった。すでに直立二足歩行が完成し、骨盤が皿状に変形して産道の大きさを広げられなかったため、あらかじめ頭の大きな赤ちゃんを産めなかったのである。そこで、人類は生後急速に脳を成長させる道を選んだ。ゴリラの赤ちゃんの脳は生後4年間で2倍になり、おとなの大きさに達する。人間の赤ちゃんの脳は生後1年間で2倍になり、5歳までにおとなの90%まで達し、12〜16歳で完成する。人間の赤ちゃんの体重が重いのは、体脂肪率が高いためで、急速に成長する脳に栄養が行き届かなくなるのを守るためである。この時期人間の赤ちゃんは、摂取エネルギーの40〜85%を脳の発達にまわしている。そのため、身体の成長が遅れることになったというわけである。

脳が完成する時期、身体の成長にエネルギーを回せるようになって、成長速度が加速する。

これを思春期スパートといい、心身のバランスが崩れる時期である。繁殖力と社会的能力を身につけなければならない時期でもあり、トラブルに巻き込まれて傷ついたり病んだりする。人間の親子を取り巻く社会関係は、この離乳時期と思春期を支えるために作られたといっても過言ではないと思う。

父性の起源

家族とは

動物の親子の仲むつまじい様子を見て、「動物の家族」という表現を私たちは用いる。番《つがい》で雛を育てる鳥たちや、夫婦でかわるがわる赤ん坊に餌を運んでくるオオカミなど、たしかに一対のメスとオスが仲良く子育てをしている。しかし、それらの親子が作られた条件は、人間の家族とは違う。

鳥は卵生である。母鳥のお腹の中に卵は数時間から数日しか入っていない。しかも、産み出された後に卵を温めるのは母鳥である必要はない。皇帝ペンギンでは、産卵後にメスが海に行って栄養補給をしている間、オスが両足の間に卵を抱いて厳寒期を過ごす。カッコウのように、別の種の鳥の巣に自分の卵をこっそり入れて托卵させる鳥もいる。人間は哺乳類の仲間であるから、母親が長い期間胎児をお腹の中で育てなければならないし、産んだ後も授乳をする必要がある。鳥のようにオスとメスが子育てに対等な負担を引き受けることは難しい。

オオカミは哺乳類である。しかし、完全な肉食で、食べ貯めがきく。数日間に一度の食事ですむから、親たちは赤ん坊を安全な巣に残して狩りに出かける。親はお腹に入れた肉を巣にもどってから吐き出して赤ん坊に与える。こんなまねも人間にはできない。人間は霊長類の仲間であり、植物食を中心とした雑食性を受け継いでいる。だから、一日に複数回の食事を取らなければならず、オオカミのように赤ん坊を残して食物を採集に行くなどという悠長なことはできない。霊長類は毎日食物を探して森を歩き回るので、毎晩寝場所を変える。そのため、赤ん坊は生まれたときから母親のお腹に抱かれて運ばれる。雑食性の霊長類にとって食物を得るのはそれほど難しいことではないので、食物を分配したり、子どもに餌をやったりする必要はない。子育ても母親だけで、オスが参加することは少ない。人間が霊長類という身体的能力を受け継ぎながら、なお家族を作って暮らすということはとても不思議なことなのである。

子育てをするオス

霊長類にも子育てをするオスがいないわけではない。いや、人間顔負けの熱心な子育てをするオスだっている。たとえば、南米のアマゾン川流域の熱帯雨林に生息するタマリンやマーモセットなどの小型のサルは、オスが生まれたばかりの新生児を取り上げて世話をする。羊水にぬれた体をなめて乾かし、背中に乗せて一日中運んで歩く。オスだけではなく、年上の子どもが赤ん坊を運ぶことも多い。母親はといえば、ひとりで気ままに食物を摂取して歩き、お乳を飲ますときだけ赤ん坊に接することさえある。人間の母親にとってはうらやましい光景に見える。

しかし、このようにオスが細やかな子育てをするのは理由がある。まず、タマリンやマーモセットの赤ん坊は、母親の体重の1割を超える大きな体で生まれてくる。しかも、双子や三つ子が普通である。こんな大きな子どもたちを複数抱えては、母親はとても単独で育てることはできない。さらに、これらの小型のサルは昆虫食が主なのですばしこく動き回らなければ餌を取ることができない。子どもを抱くのは大きな負担になり、出産で弱った体を回復することが難しくなる。そのため、オスや年上の子どもたちがこぞって子育てに参入して、母親の負担を減らすようになったのである。つまり、タマリンやマーモセットのオスの子育ては、成長した赤ん坊を一度にたくさん産むという特徴に強く結びついていると考えられる。この特徴は人間にはない。ふつう人間は成長の遅い子どもを一度に一人しか産まないからだ。しかも、タマリンやマーモセットのオスは、子どもたちがひとりで餌を取れるようになれば世話をしなくなる。一方、人間の父親は子どもが思春期を迎えても関わり続けるし、さらに影響力を強めることさえある。どうやら、これらのサルと人間の子育てには本質的な違いがあるようだ。

もうひとつ、ニホンザルの仲間でスペイン南部やモロッコに生息するバーバリマカクや、アフリカに広く分布するサバンナヒヒに、オスの子育てが見られる。いずれもまだお母さんのお乳を吸っている赤ん坊を抱いて運び、毛づくろいをして熱心に面倒を見る。ただ、DNAを抽出して父子判定を行ってみると、これらのオスは世話をしている赤ん坊の親ではないことが多い。しかも、熱心に子育てをするのは群れに入ってきて間もない若いオスや、社会的地位の低いオスである。こういったオスたちは、子どもといっしょにいるときの方が単独でいるときより他のサルから攻撃されない。他のサルから威嚇されても、いち早く子どもが金切り声を上げるのでその母親が飛んでくる。あたかも子どもがいじめにあったように見え、そのオスに対する攻撃が緩和されるのである。つまり、これらのオスたちは自分の保身のために赤ん坊を利用しているわけで、赤ん坊はオスにとってパスポートやお守りみたいな役割を果たしていると考えることができる。バーバリマカクやサバンナヒヒの場合も、子どもが成長すれば母親の注意を引かなくなるので、オスは世話をしなくなってしまう。こういったオスと子どもの関係は人間の社会にも見られるかもしれないが、明らかに父親と子どもの関係ではない。

ゴリラのオスの子育て

私が長年研究しているゴリラのオスは、例外的に人間とよく似た子育てをする。それは、特定のオスと子どもとの親密な関係が思春期まで続くからである。ただ、オスと子どもの接し方は多少人間と異なっている。

まず、ゴリラのオスは生まれたばかりの赤ん坊にはあまり強い関心を示さない。母親も出産後1年くらいは自分の腕の中から赤ん坊を離さず、他のゴリラにはめったに触らせない。1年を過ぎて、赤ん坊がお乳以外の食物を口に入れるようになると、母親はやっとオスのそばに子どもを連れていくようになるのだ。ゴリラはふつう、大きなおとなのオス1頭と複数のメスとその子どもたちから成る10頭前後の群れをつくる。オスは群れで生まれるすべての子どもの父親である。母親は1歳を過ぎた子どもをこの父親のそばに置いて、子どもが馴れるとそうっと離れていくのである。

置き去りにされた子どもは、最初は不安そうにきょろきょろと母親の姿を探し求めるが、父親のそばには何頭も子どもが群がっていて、しだいに年上の子どもたちに引き付けられるようになる。ゴリラのおとなのオスは背中の毛が白銀色をしていて、シルバーバック（銀色の背）と呼ばれる。子どもたちにとってこの白い背はとても魅力的なようで、触れたり、寄りかかったり、すべり台にして遊ぶ。父親が歩き出すと白い背を目印にして、どこまでもついて歩くようになる。父親も子どもたちの様子にいつも気を配っていて、争いが起こるとすかさず割って入って仲裁する。母親と違って、父親は特定の子どもをひいきにしたりはしない。すべて自分の子どもだから、平等に扱えるのかもしれない。必ず、けんかをしかけた方、体の大きい方の子どもをいさめる。そのため、子どもたちは体の大きさに関係なく、対等に付き合うことができる。やがて、子どもたちは母親がいなくても気にかけなくなり、父親のそばに小さなベッドを作って眠るようになるのである。

このように、ゴリラのオスは母親といっしょに子育てをするのではなく、離乳期にさしかかった子どもを母親からバトンタッチされ、思春期になるまで子育てを一手に引き受けるのである。見事に子離れを果たした母親は、次の子どもを産む準備に入ることができる。再び妊娠し、次の子どもを出産すると、もう前の子どもは誰が母親かわからないくらい自立している。

ゴリラと人間の父親が似ているのは、どちらも自分の意思だけでは父親になれないということだ。ゴリラのオスが父親になるためには、まず母親から自分の子どもの保護者として選ばれ、次に子どもから信頼される保護者として選ばれなければならない。つまり、父親とは母親と子どもから二重の選択を受けて作られるのである。人間の父親も自分で宣言するだけでは父親として認められない。母親と子どもだけでなく、周囲からも父親として認知されて、初めて父親としてふるまえるようになる。だからそこには、何か作為のようなもの、契約のような気配がついてまわる。父親とは生物学的というより、文化的な存在なのである。オスに父親という社会的な役割を付与したことは、人間の家族の始まりだったのではないかと私は思う。

人間に固有な特徴とは何か

しかし、ゴリラと人間の父親には違う特徴も多々ある。人間の父親はゴリラのように子育てを一手に引き受けることはない。そのかわり、思春期を過ぎても子どもとの付き合いは続く。人間の社会では、父親とは男が特定の子どもに対して生涯にわたって引き受ける役割なのだ。それは、人間の社会では子育てが家族内に留まらず多くの仲間と共同で行われ、子どもたちが自立しても親子の関係が切れることなく続くからである。

人間とゴリラの子どもの成長を比べてみると、面白いことがわかる。まず、生まれたときの体重はゴリラは2kg弱、人間は3kg前後と人間の方が重い。ところが、ゴリラが5歳までに50kgを超えるのに対して、人間はせいぜい20kgぐらいである。どうしてこれほど身体の成長速度が異なるのだろうか。その秘密は脳にある。ゴリラも人間も生まれたときの脳の大きさは250~300gで大して変わらない。ところが、ゴリラの脳は4歳までに2倍になり、そこで成長は止まってしまう。人間の脳は生後1年で2倍になり、それから12~16歳まで成長し続けて最終的に5倍の大きさになるのである。脳はエネルギーを食う器官だ。成人の脳は体重の2%の重さしかないのに、摂取エネルギーの20%近くを消費している。成長期の子どもは脳に40~85%のエネルギーを使う。そのため、人間の子どもは身体の成長に十分なエネルギーを回せない。そこでゴリラに比べて身体の成長速度が遅くなるのである。

なぜ人間は大きな脳をもった赤ん坊を産まなかったのだろう。チンパンジーとゴリラは生まれたときの脳の大きさが、そのままおとなの脳の大きさに反映している。人間も出生時に脳の大きさを調整しておけば、ゴリラやチンパンジーと同じ速度で身体を成長させられたはずである。それができなかったのは、脳が大きくなるずっと以前に、人間は二足で立って歩きはじめたからである。霊長類としては奇妙なこの歩行様式は、骨盤の形を大きく変形させた。上半身と内臓の重みを支えるために皿状の形になり、足を前後に平行に動かすために大腿骨の付着部の幅に制限が加えられたのである。そのため、産道の大きさが制限され、そこを通る新生児の頭を大きくすることができなくなった。脳を大きくしようとしたとき、人間は頭の大きな赤ちゃんを産むことができない体になっていたのだ。そこで人間は、頭の大きさではなく、脳の成長速度を速め、成長期間を延ばすことによって大きな脳を達成したのである。

もうひとつ、ゴリラと人間の子どもの成長には重要な違いがある。ゴリラの赤ちゃんは3年間お乳を吸って育つ。離乳したとき、ゴリラの子どもはおとなと同じ食べ物が食べられる歯と能力をもっている。ところが、人間の赤ちゃんは1～2年で離乳してしまう。離乳しても華奢な乳歯で6歳まで過ごさなければならず、数年間はおとなと同じものが食べられない。調理や加工が可能な現代では離乳食に不自由しないが、昔はこの時期の子どもに食べさせるために親はずいぶん苦労をしたはずだ。なぜ人間の子どもはこんなに早く離乳してしまうのだろう。

それは、人間が多産という特徴をもっているからである。ゴリラのメスは授乳中は交尾も妊娠もしないので、多くても4年に1度しか子どもを産めない。お乳の産生を促すプロラクチンというホルモンが発情ホルモンの働きを抑制し、排卵を妨げるからである。授乳を短くしたおかげで人間は出産間隔を縮め、年子だって産めるようになった。おそらくそれは、人間の祖先が安全な森を出て危険な肉食獣が徘徊する草原へと生活範囲を広げたせいである。哺乳類では森林性の種より草原性の種の方が多産の傾向が強い。肉食獣が幼児をねらうため、子どもの不足を多産によって補う必要が生じるからである。同じように草原に進出した人間の祖先は高まる幼児死亡率に対応して授乳期間を縮め、多産の道を歩きはじめたのだ。

しかし、多産と大きな脳を作るという傾向が組み合わさったとき、やっかいな問題が持ち上がった。頭でっかちで身体の成長が遅い子どもをたくさん抱える結果になってしまったからである。手のかかる子どもを複数抱えては、とても母親だけの手で育ててはいけない。ゴリラのような子育てのバトンタッチも難しい。そこで、親たちが連携してさらに多くの仲間で子育てを行うようになったと考えられるのである。人間の家族は複数集まって共同体を作り、決して単独では存在できない。それは家族がそもそも子育てを基本とした集まりだからである。人間の父親はひとりではなく、大勢の仲間と共同の子育てをするような社会的な能力を付与されているのである。

白銀の背の意味すること

ゴリラのオスは、おとなになると背中の黒い毛が白銀色に変わる。ジャングルの暗い闇の中で、黒い毛と肌のゴリラはすっぽり埋もれてしまい、目立たない。しかし、白銀の背だけはくっきりと闇の中に浮かび上がり、オスが大きく吠えて走ると、まるで雪崩が襲ってくるような恐ろしい迫力がある。

白銀の背はオスだけがもっている特徴で、メスや子どもには発達しない。なぜオスの背だけが白くなるのか。これまでそれは、ニワトリの鶏冠《とさか》やクジャクの羽のようなものと考えられてきた。メスをめぐるオスどうしの競合が強い社会で、際立った特徴をもつオスをメスが選んだために発達したということだ。これを性選択という。ダーウィンが唱えた進化論のうち、自然選択と対をなす理論である。種の特徴を形成する要因は食物と性の相手をめぐる競合にあり、後者はオスやメスだけに特有な形質を作る。性選択の結果だと思われる特徴は霊長類にもある。マントヒヒのオスは顔と首のまわりにマントのようなふさふさとした長い毛がある。オランウータンのオスは、両頬に肉襞のようなものが発達する。マンドリルのオスは青い顔に真っ赤な鼻筋、金色の髭が、異形を際立たせている。

しかし、これらの特徴はオスの顔や頭に集中している。オスどうしが競うとき、向かい合って対峙するので、顔を大きく見せる特徴が発達したのだろう。ゴリラのオスどうしも、競い合ってディスプレイするときは向かい合う。そして、二足で立ちあがって、手で交互に胸を叩く。ゴリラのオスの喉から胸にかけて共鳴袋が発達していて、胸を叩くと太鼓のように大きな澄んだ音が響き渡る。オスの顔はメスより格段に大きく、成熟すると後頭部が突出してまるでヘルメットをかぶったようになる。これらの特徴はマントヒヒやオランウータンと同じ効果をもっていると考えられる。ではなぜ、ゴリラのオスは背中が白くなったか。オスどうしが背中を向けあって競うことはないので、大きさや強さを他のオスやメスにアピールする特徴とは思えない。

そのうち、私は意外なことに気がついた。

子どもゴリラに起こった事件

今まで40年あまり、私はアフリカ各地で野生のゴリラの調査を行ってきた。最初はアフリカ中央部にそびえる標高2000mを超える山岳地帯で、マウンテンゴリラやヒガシローランドゴリラの調査をしていた。最近は大西洋岸の国ガボンの低地熱帯雨林で、ニシローランドゴリラの調査を行っている。そのガボンにあるムカラバ国立公園で、とても感動的な事件に出会ったのである。

ある時、私たちが調査しているゴリラの群れが別の群れに出会った。こういった出会いでゴリラのメスは他の群れに移る。だからオスはメスを獲得しようとして、精一杯自己主張する。胸を叩き、あたりの草木を踏み倒して走り回り、自分の力を見せつけようとする。このときも、直接観察はできなかったが、草木がなぎ倒されている様子からオスどうしの激しいディスプレイの応酬があったことが推察された。翌日、群れの様子を調べると、1頭のメスが姿を消し、その子どものプティンゴがけがをしているのがわかった。まだ3歳になってまもない赤ん坊で、離乳できるぎりぎりの年齢である。右腕のひじから先が落ちていて、重症である。しきりに傷跡をなめているが、化膿すれば助かる見込みはない。大けがをした上、母親を亡くしてはもはや生き残るすべはない、と私たちは考えた。

ところが、予想に反してプティンゴは生き延びたのである。残った片腕を巧みに使って歩き、木によじ登り、旺盛な生命力を発揮して暮らし始めたのだ。なぜ母親なしでこのプティンゴは生きられたのだろうか。それは、オスとそのまわりに群がっている子どもたちが、手厚くプティンゴの世話をしたからである。片腕を失ったプティンゴは3本足で歩くために、いつも遅れがちで、群れの最後部にいることが多かった。でもプティンゴが歩く先には必ずオスの白い背中があった。背中の白いオスは、シルバーバックと呼ばれ、群れにだいたい1頭しかいない。この子は白い背中を目指して歩いていたのである。シルバーバックはプティンゴが遅れているのに気がつくと歩みを止め、後ろを振り向いてじっとプティンゴの歩みを見つめた。シルバーバックの近くにはいつも他の子どもたちが群がっていて、プティンゴがたどりつくと抱きついたり、毛づくろいをしたり、かわるがわる遊び相手になった。そして、プティンゴはシルバーバックの白い背を枕にして休むことができた。暗い夜は、大きなシルバーバックのベッドにもぐりこんで眠りについたのである。

私は、かつてルワンダの山地林でマウンテンゴリラの調査をしたときのことを思い出した。このときもシンダという3歳になったばかりの子どもゴリラが母親を失った。リーダーのシルバーバックは老齢だったが、いつもシンダの遊び相手になり、シンダが他の子どもたちといさかいを起こしたときには抱きしめてなぐさめていた。シンダはいつもシルバーバックの背にもたれて休み、不安になるとシルバーバックの大きなお腹にしがみついた。プティンゴと同じように、シンダもシルバーバックのベッドで安心して眠りについたのである。シンダは他の子どもに比べて幾分成長が遅く、いつまでも甘えん坊だったが、15歳になると立派なシルバーバックに成長し、30歳を超えるまで生きながらえた。

プティンゴやシンダの例から、ひょっとしてゴリラのオスの白銀の背は、子どもたちのために発達したのではないかと私は考えるようになった。休息時間にシルバーバックがうつぶせになって休むと、そのまわりには子どもを連れたメスたちが集まってくる。メスたちはシルバーバックから少し離れて腰をおろし、子どもたちを腕から離す。すると、子どもたちは必ずと言っていいほど、シルバーバックのほうへ近づいていくのである。そして、手を伸ばして白銀の背に触り、白い毛を引っ張ったり、引っかいたりし始める。背中に頬ずりをしたり、背中をよじ登ってすべり台代わりにする子どももいる。うるさくまとわりついてくる子どもたちに対してシルバーバックはとても寛容で、ときどき低くうなるだけで何もしない。やがて休息を終え、シルバーバックが立ち上がって歩きはじめると、子どもたちはわれ先にとシルバーバックの後を追う。シルバーバックが立ち止まると子どもたちも立ち止まり、草をちぎって食べるとそれを熱心に見つめる。シルバーバックの食べ残した草の切れ端や小枝を口に入れて、試し食いをするのである。そして、シルバーバックは母親を失った子どもだけでなく、群れのすべての子どもたちから母親以上に頼るべき保護者と見なされていたのである。

子育てのバトンタッチ

ゴリラは人間を含むすべての霊長類の中で最も体が大きい。成長にも時間がかかりそうに見えるが、実は体の小さいオランウータンやチンパンジーに比べて離乳が早い。オランウータンの赤ちゃんは7年、チンパンジーは5年もお乳を吸うのに、ゴリラの赤ちゃんは3年たつとお乳を吸うのを止めてしまう。これは、オスが子育てをするために、母親が早く子どもを手放すことができるからだ。

オスが子育てをする霊長類は他にもいる。南米にすむタマリンやマーモセットなどの小型のサルは、オスが生まれたばかりの赤ん坊を熱心に世話する。これらのサルは双子や三つ子を産み、親の体格の1割を超える大きな赤ん坊なので、とても母親だけでは育てることができない。このため、オスが子育てに参入して母親の負担を減らすように進化したと考えられている。つまり、オスの子育てには多産と密接な関係があるのだ。

しかし、ゴリラはめったに双子や三つ子を産まない。オスが乳飲み子の世話をすることもまれである。かわりに、ゴリラのオスは離乳後の子どもたちの世話を焼く。それを仕掛けるのは母親のゴリラである。子どもがお乳以外のものを口に入れるようになると、母親は子どもを抱いてシルバーバックの近くに座る。そして、子どもがシルバーバックの銀色の背に興味を示して近づくのを見ると、子どもを置いてそうっと離れていくのである。置き去りにされた子どもは最初は不安そうに母親の姿を探すが、シルバーバックのまわりには少し年上の子どもたちがいて、遊びに誘ってくれる。子どもが不安そうに鳴くと、すぐにシルバーバックが太い腕を出して庇ってくれる。大きな白い背は暖かい壁となって、子どもたちどうしのトラブルを仲裁する。やがて子どもは母親の不在を忘れ、一日中シルバーバックのそばで暮らすようになるのである。こうして母親はまんまと子育てをシルバーバックにバトンタッチするのである。

シルバーバックの子育ては、子どもが思春期になるまで続く。子どもたちは体が大きくなってもシルバーバックを慕い、その後をついて歩く。つまり、白銀の背は子どもたちの道しるべであり、安全を保障するシンボルなのである。オスの白い背はメスを引き付けるためというよりは、自分の子どもの生存価を上げるために発達した可能性がある。

もしそうだとしたら、私たち人間の特徴も見直す必要が生じてくる。中年の男の太鼓腹やはげ頭は、女性からはうとまれて敬遠されることが多い。しかし、なぜこんな特徴を男たちはもつようになったのか。ひょっとしたらゴリラのシルバーバックのように、女性にはない特徴で子どもたちを引き付け、子どもたちから信頼されて指導できるように発達したのではないだろうか。人間の男たちの子育ても、ゴリラのオスのように遊びが主である。人間の男もゴリラのオスのように声変わりをし、おとなになると太い声が出せるようになる。これは女性に対するアピールと同時に、子どもを安心させる効果があるのではないだろうか。こうして考えてみると、人間の男にも子育てに適した特質がいくつもあるように思えてくる。しかし、ゴリラのように子育てをバトンタッチされたら、人間の男は単独でうまく子どもを育てられるだろうか。そこに、実はゴリラと人間の意外に深遠な違いが潜んでいるのである。

負けず嫌いの心を育てる

アフリカで長らくゴリラの研究を続けてきて、未だに不思議に思っていることがある。それは、ゴリラの子どもがとても負けず嫌いだということだ。ゴリラの赤ちゃんはとても小さく、2kgにも満たない。とてもひ弱で、1年間はお母さんの腕から離れない。乳離れも遅く、1歳を過ぎた頃からやっとお乳以外の物を口に入れ始めるのだが、完全に離乳するのは3歳を過ぎてからだ。それなのに、離乳するや否や母親から自立し、堂々と自己主張を始める。

逆説的だが、きっとそれは乳児の間にしっかりとケアされているからではないかと思う。常にお母さんに抱かれているから、お母さんを通して世界を受け入れることができ、自分が世界から歓迎されているという自信を抱くことができる。そして、乳離れが始まるとお母さんの最も信頼する父親のもとに預けられ、そこで他の子どもたちと付き合うようになる。背中が白いシルバーバックのお父さんはとても優しく、子どもたちを分け隔てなく育てる。子どもたちがけんかをしたら、決してえこひいきをすることなく、けんかそのものをしっかり止める。巨大な体で外敵に立ち向かい、子どもたちを守る。子どもたちはシルバーバックのそばで安心して、自分の興味の赴くままに探索する世界を広げることができる。それが子どもたちの自立を助けるのだ。

一方、人間の赤ちゃんはゴリラよりひ弱なくせに体重が重い。だからお母さんが抱き続けることができず、誰かに預けるか、どこかに置かざるを得ない。お母さんから離れた赤ちゃんはけたたましく泣いて救いを求める。それを泣き止ませようと周囲は躍起となる。4〜5年に1度しか子どもを産まないゴリラと違って、年子も産める人間は多産だ。それは授乳期間の短縮によってもたらされた。だから、赤ちゃんは早く離乳し、下の子がすぐに生まれてしまう。多産で、共同保育によってたくさんの子どもを育ててきたことが、ここまで人間を繁栄させることにつながったのである。

しかし、お母さんの手から離されることで、この世界をうまく受け入れられず、自分に自信が持てない子どもが人間にはできる。小さい頃からさまざまな人の手に渡って抱かれることが人間の子どもの利点でもあるのだが、それが子どもに不安を与えてはいないだろうか。離乳後にお母さんの信頼する保護者に見守られて、子どもたちと対等に付き合う環境が保証されているかどうか、気になる所である。ゴリラに学ぶべき点は多い。

子どもの食育
（霊長類との比較　動物学視点から）

動物にとって食とは何か

動物園で暮らしている動物と野生の動物を比べてみると、体の線の違いに驚くことがある。自然の生息地で暮している動物に肥満はいないし、のんびりと昼寝をしているように見えても、何かを見つけて素早く動くことがある。そのときの動きは美しく、その動物に特有な体の特徴が躍動していることがわかる。

なぜ、野生の動物は美しく見えるのか。それは、彼らが存分に生を全うしているからだ。動物にとって生きることとは食べるということである。いつ、どこで、何を、どのようにして食べるのか。それが動物たちの日々を生きる目的となる。動物園では人間が食物を与えているので、動物たちは自分で食物を探す必要がない。だから動物園の動物はいつも暇と自分の体を持て余しているように見えるのである。

群れを作って暮らしている動物は、上記の4つの課題に加えて、だれと食べるかということとが問題になる。食物の量は限られているから、たくさんの仲間と食べるわけにはいかない。トラブルを起こさないように食べるにはどうしたらいいか。仲間を押しのけて独占するか、仲間に譲るか、それとも仲間と分け合って食べるか。分け合うなら、だれと、どのように分け合うか。さまざまな方法が考えられる。

サルたちはこれらの食物をめぐる課題を解決するために、高い知能を発達させてきた。人間もそのサルの仲間である。人間の大きな脳も、もとをただせば食物の獲得に際して駆使される社会的知能の発達によって成し遂げられたものと考えられるからである。現代の人間の食事にはその進化の跡が色濃く反映されている。それを過去にさかのぼって見てみることにしよう。

鳥の食卓に侵入したサル

サルの最初の祖先は、今から約6500万年前に夜行性の小さな動物として登場した。白亜紀が終わり、哺乳類が台頭しはじめた時代だった。シダ植物や裸子植物に代わって、花や果実をつける被子植物が熱帯から高緯度地方へと分布を広げ、サルたちはこの被子植物に頼って樹上で暮らしはじめたのである。

恐竜時代が終わっても、熱帯の地上には肉食性の動物がたくさんいた。空にもサルたちより一足先に登場した鳥たちが我が物顔で飛び回っていた。小柄なサルたちは肉食動物の手が届かない樹上で、鳥たちの目が利かない夜の闇のなかで活動するしか術がなかった。被子植物の繁栄は、このサルたちの生活に大きな変化をもたらすことになった。まず、被子植物は裸子植物と違って横に枝をだし、隣の木の枝と絡み合って樹上にルートを作る。サルたちは木から木へと渡り歩くのに、わざわざ木から降りて危険な地上を移動する必要がなくなったのである。樹上で昆虫や果実を食べていたサルの祖先は、樹上だけで安全に暮らせる行動域をもてるようになった。

初期の頃のサルの祖先は単独で暮らし、それぞれがなわばりを構えて暮らしていた。現代でも夜行性のサルは、大多数が単独生活をしているからである。やがて、この中から仲間と共同生活をするサルが現れた。それは、体が大きくなったことと関係がある。樹上で楽に食物が得られるようになると、サルたちはしだいに大きくなり、広い範囲を歩き回って暮らすようになった。隠れ場所の巣から出て、歩き回る時間が増えれば、肉食の動物や鳥に狙われる機会も増える。仲間と一緒に行動すれば、捕食者の発見効率が上がるし、自分が狙われる確率も減る。

体が大きくなり、群れを作って暮らすようになると、サルたちはこれまで進出していなかった世界へ顔を出すようになった。昼間に繰り広げられる鳥たちの食卓である。空を飛ぶ鳥たちはできるだけ体を軽くする必要がある。しかし、飛ばないサルたちは枝を握って体を支えればいいので、鳥よりも体を大きくできる。事実、現代の昼行性のサルたちは夜行性のサルより体が大きく、わずかな例外（オランウータン）を除いてすべてが群れで生活している。鳥に対抗できる体格と集団力を身につけたサルたちは、それまで鳥たちに独占されていた昼の食卓へと侵入しはじめたのである。

それまで被子植物は昆虫や鳥と共生関係を結んでいた。空中に大量の花粉を放出し、それを風によって散布する裸子植物と違い、被子植物はわずかな花粉しか生産しない。そして、その花粉を昆虫によって運んでもらい、受粉する仕組みを発達させた。そのための報酬が花に備えられた甘い蜜である。蜜に引き寄せられてやってくる虫たちの体に花粉をつけ、他の花へ飛んでいって受粉してもらおうというわけだ。しかし、花粉と違って種子は大きくて昆虫には運べない。そこで、種子を鳥たちに運んでもらうことにした。鳥には歯がないから種子を噛み砕けない。だから、種子の周りに甘い果肉をつけて、種子ごと鳥に飲み込んでもらうようにしたのである。鳥は果実を飲み込むと空に飛びあがり、すぐに空中から種子を排泄する。親木の下に種子が播かれても、厚い樹冠が日光をさえぎるから種子は発芽しても成長することができない。鳥たちに飲み込んでもらい、広くばらまいてもらえれば、そのうちのいくつかは日光のあたる条件のいい場所に着地できる。これが被子植物と鳥たちの共進化するための契約だった。

ところが、そこにサルたちが割り込んできた。歯のあるサルたちは柔らかい種子を噛み砕いてしまう。手をもつサルたちは果肉を器用に種子から引きはがして、飲み込まずに捨ててしまう。これでは種子が広く散布されない。そこで被子植物はサルたちに散布されるような工夫を果実に凝らした。まず種子を硬くし、アルカロイドやリグニン、タンニンなどの毒物や消化阻害物質を仕込んだ。また、柿やスイカの種のように、種子の形を流線型にして、表面をなめらかに滑りやすくした。こうすれば、サルは種子を嚙み砕かないし、果実を食べている間に種子を飲み込みやすくなる。マンゴーの種のように、果肉が種子からはがれにくくなっているものもある。あきらめて飲んでくれるように工夫しているのだ。

こうしてサルたちも鳥たちのように種子を飲み込んで、林内に広く散布する役割を果たすようになった。鳥と違って、サルは食べた物をすぐに排泄せず、採食場所から移動して休息し、そこで糞塊として地上に落とす。種子は肥料にくるまれて播かれるようなもので、発芽も成長もしやすくなる。実際、動物の胃を通過した方が種子の発芽率や生存率が高い植物もある。また、植物も種子が未熟なうちに食べられては困るので、熟すると黄、赤、黒に色を変え、芳香を発して動物たちに合図を送るようになった。昼行性のサルたちが鳥のように色彩を見分けられる眼をもっているのはそのためである。

人間の子どもに必要な2つのしつけ

人間もこのようなサルの仲間として進化してきたので、サルと同じような能力をもっている。色彩を見分けられるし、赤いイチゴやリンゴを見ると食欲がわく。しかし、この能力が定住生活を送るようになった人間に、やっかいな問題を引き起こすようになった。トイレの問題である。

森林で移動する生活にトイレはいらない。群れを作って暮らすサルたちは毎晩寝場所を変える。樹上に排泄物は蓄積しない。雨できれいに洗い流されるし、日光と風ですぐに乾くので、サルたちの生活環境は至って清潔である。どこでも、いつでも好きなときに排泄できるから、サルたちは1日に何度も食べ、糞をする。私の研究しているゴリラは1日にだいたい6〜10回ほど糞をする。ゴリラは樹上や地上に毎晩新しいベッドを作って眠り、朝目覚めるとまずベッドのそばに糞をする。それから仲間と一緒に採食の旅に出かけ、食べながら糞をする。昼間は長い休息を取り、その前後に糞をして、さらに採食の旅を続け、数回糞をした後に、安全な寝場所へ移動する。一度使った寝場所を再利用することはほとんどないから、糞による汚染を気にかける必要はない。

ところが、定住している人間は排泄する場所をしっかりと管理しなければならない。排泄物は細菌を増やし、感染症を引き起こすもととなるし、寄生虫などを引き寄せて増殖させる。そのため、特定の場所に排泄物を集め、汚染が広がらないようにする必要がある。決まった場所に排泄することが求められるので、毎日決まった時間にするほうが効率的である。朝ごはんを食べて出かける前にトイレで済ませ、仕事をしている間は排泄をしないようにコントロールすれば、効率的で衛生的な定住生活を送れる。人間は下痢をしていなければ、1日にせいぜい1～3回ぐらいの排泄で足りるはずである。

人間の赤ちゃんは、まだサルの体の特徴を色濃く残して生まれてくる。乳離れをしても幼児は、なかなかおとなのように排泄をコントロールできない。1日に何回もトイレに行くし、トイレのない所で催して、がまんできずに漏らしてしまったりする。だからしばらくの間おしめが必要になる。おしめは子どもがサルの遺産から人間の体になるための不可欠の期間なのである。

さて、人間の子どもにはもうひとつのしつけが必要だ。それを私は、おしめの下のしつけに対して、上のしつけと呼んでいる。出す方のしつけではなく、口から入れる、つまり食べるしつけだからである。それは、群れ生活の中でだれと食べるか、という課題を解決するためのしつけである。

サルたちは群れを作るようになって、捕食者に共同で立ち向かい、安全な暮らしを営めるようになった。でも、限りある食物資源を複数の仲間で食べると、競合が起こる。とくに、サルたちが大好きな甘く熟した果実は、なる時期も場所も限られている。みんなが一斉に果樹に殺到して食べようとすれば、大きな混乱が生じる。そこで、サルの社会ではあらかじめ強いサル、弱いサルを決めて、弱いほうが食物に手を出さないようにした。優劣の序列関係を互いに認知することによって、争いを避けて共存できるような行動性向を発達させたのである。おいしい食物が限られているといっても、森の中には多様な食物がある。競合を避けて移動すれば、いくらでも食物は手に入る。つまり、優劣の認知は弱いほうを移動させて分散して採食するルールなのである。

サルたちが群れで食べる様子をながめると、どのサルが強いか、弱いかをすぐ察知できる。相手をじっとみつめるのは強いサルの特権で、弱いサルは見つめられるとすぐに餌から手を引っ込めなければならない。無視して食べ続けたり、相手を見つめ返したりすると、強いサルに攻撃されることになる。すると、周囲のサルは強いサルに加勢をするので、弱いサルは多くのサルから追い立てられる。サル社会のルールは勝ち負けをはっきりさせてトラブルを防ぐようにできているので、弱いもののいじめが起きるのである。だから餌場では、サルたちが向かい合って仲良く食べることはない。サルにとって食事は個体本位の行動であり、仲間といっしょに楽しむものではないのである。

ところが、人間に近縁なゴリラやチンパンジーでは、このルールが通用しない。体の大きなオスゴリラが子どもゴリラやメスゴリラに近寄ってじっと見つめても、場所をどこうとしない。じっと見つめ返されることもしばしばある。逆に、子どもゴリラやメスゴリラが近づいて、オスゴリラの食べている食物や顔をのぞき込むと、オスゴリラが食べている場所をゆずったり、食物を取らせてやったりすることがあるのだ。チンパンジーはもっと積極的で、食べている仲間の口元へ手を差し出す。すると、手の中に食物の一部を落としてやることがある。ゴリラもチンパンジーも食物を分配していっしょに食べることができるのだ。その結果、彼らも人間と同じように向かい合って同じ食物を口に入れることができる。

人間はもっと積極的に食物を分配する。相手に要求されてもいないのに、わざわざ食物を携えて会いに行く。キノコ狩りや山菜採りなど、自分の食べる以上の量を取ってきて、仲間と分けて食べる。人間のどの社会でも、食事は家族や仲間とする社会的行為である。それは、人間が古い昔から食物を仲間との絆を作り、維持する手段として用いてきたからである。食事は単なる栄養補給ではなく、食物を介した重要なコミュニケーションなのである。

人間の子どもたちはそれを学習する必要がある。乳離れをしておとなといっしょに食卓についた子どもたちは、まず自分の好きな食物に手をのばそうとする。それを自制し、みんなに同調しながら仲良く食べるのは、結構難しい作業なのだ。おとなたちに注意されながら、子どもたちは仲間と食物を使って取引をしたり、譲り合ったりすることによって気持ちを通じ合わせることを覚える。そして、食事の場を楽しみながら、仲間とともに生きている喜びを感じるようになる。それが社会的人間として育つ重要な一歩となるのである。

共感を育てる食事

サルでは個体本位の行動であった食事を、社会的な行為として発達させたのは、人間にとって向かい合うことが重要な意味を持つからである。サルと違って、ゴリラやチンパンジー、そして人間では相手を見つめることが威嚇《いかく》にはならない。むしろ、相手と心を通じ合わせて、一体化しようという態度に近い。ゴリラでこの行動を調べてみると、遊びや交尾の誘い、食物の分配要求、けんかの仲裁、仲直り、あいさつなどの際に見られることがわかった。いずれも体の小さいゴリラが大きいゴリラの顔をのぞき込んで、相手から宥和《ゆうわ》的な反応を引き出しているのである。

人間では向かい合って何かをすることが格段に多くなる。日々のあいさつ、食事、会話、仕事でさえ、向かい合って行うことが原則になっている。しかし、ゴリラやチンパンジーに比べると相手と距離を置いて向かい合うことが多い。例えば、会話をするときや食事をするとき、机を介したりして距離を置く。なぜだろうか。おそらく、これは人間がただ向かい合って顔を合わせるだけでなく、相手の顔の表情を読む必要があるからだ。人間の顔は全面にわたって毛が薄く、とくに目、鼻、口の表情が豊かである。また、目の色合いが独特である。人間以外の霊長類の目は虹彩と白目の部分の色が同じことが多く、目の動きがわからない。白目のはっきりしている人間の目は、その動きによって内面の心の状態を表す。それを的確に読むために、人間は少し距離を置いて相手の顔を見つめなければならないのである。

なぜ人間はそんなに頻繁に向かい合うのか。それは人間が仲間の気持ちを思いやり、何かをしてあげたいと思うからだ。サルよりも、ゴリラやチンパンジーよりも、人間は仲間のことを気にかけ、仲間のために行動しようとする傾向を強く持っている。この共感、同情という心の能力をもったからこそ、人間の祖先はアフリカの熱帯雨林を出て、類人猿が生息できなかった草原へと足を踏み入れることができたのだ。好物の果実が少なく、安全に休息できる樹木がないサバンナでは、小さな集団で広く遊動し、仲間と強く連帯して大型の捕食者に立ち向かわねばならない。人間の祖先は、食物を分配してともに食べる機会を増やすことによって団結力を強化し、この危機を乗り切ったのである。

向かい合って食事をするのは人間にとって当たり前だが、サルにとっては不可能であるし、人間に近いゴリラやチンパンジーにとっても緊張を高める行為である。そこには人間の祖先が発明した重要な能力が隠されている。古くから人間は、食事を通して仲間と気持ちを通じ合い、仲間を思いやる心を育ててきたのである。

現在、世界にはさまざまな食文化があり、食材や調理法だけでなく、食事に伴う調度や食器、衣裳などが事細かに決められている。しかし、食事を仲間と向かい合ってすることはどの文化も共通である。これは人間が長い進化の歴史を通じて食事を大切なコミュニケーションの場と見なしてきたことを反映している。食事は子どもたちにとって、人間性と文化を学ぶ最初の大切な機会なのだ。個食が習慣化し、携帯電話やインターネットの普及によって、現代の社会は直接顔を合わせる機会が急激に少なくなりつつある。食事のコミュニケーションとしての役割をもっと重視し、子どもたちの食育を推進してほしいと切に思う。

第3章

暴力の起源

美徳と道徳の違いを超えて

ロシアによるウクライナへの軍事侵攻は収まる気配がない。2023年の5月に広島で開かれたG7にはウクライナのゼレンスキー大統領が参加し、平和を訴えるどころかさらなる軍備支援を要請した。日本は核の廃絶と戦争の即時停止を提案すべき立場なのに、むしろ核の抑止力を承認し、ウクライナへの軍事力強化へ賛意を示す結果となった。

平和を願う気持ちは世界中で一致しているはずなのに、なぜ戦争を止められないのか。それは、いったん軍事衝突が起これば、武力で解決するしかないと政治家たちが信じているからである。しかし、世界共通な道徳から見て戦争にはおかしなところがある。人を傷つけたり殺したりするのは悪いことなのに、戦争ではそれが当たり前になる。しかも、戦争で負ければ殺害に加わった者は厳しく裁かれ、厳罰を受ける。一方、戦勝国ではいかに大規模な殺《さつ》戮《りく》に関わったとしても処罰を受けることはない。それればかりか、それらの残虐行為は美談として称賛されるのだ。第二次世界大戦でドイツのホロコーストの関係者は、執拗に追跡されて裁判にかけられた。しかし、広島と長崎に原子爆弾を落とした兵士や指導者たちは、裁かれるどころか英雄と見なされている。

それは、美徳が道徳より勝り、勝つことが正義と見なされているからだと私は思う。美徳とは自分の命を危険にさらして人のために尽くす「美しい」行いである。道徳は単に人間として守るべきルールであり、自己犠牲は不可欠な要素ではない。道徳の遵守はその社会で生きる上で当たり前の行為であり、たとえ道徳を破っても相応の罰が科せられるだけである。しかし、美徳は本人だけでなく、その親族まで将来にわたって讃えられ誇りとなる。だからこそ、国を守るために命を犠牲にして戦う行為は、子々孫々に伝えられる名誉となるのだ。

なぜ、こんなことが常識になったのか。それは、美徳という概念が道徳よりも起源が古く、感情の深いところに訴える力を持っているからである。美徳が根ざす心の動きは共感である。共感力はサルにもある。しかし、共感力だけでは自己犠牲の精神には到達できない。おかれている苦境を理解し、命を犠牲にしてそこに飛び込むことによる結果を一瞬のうちに判断する認知能力が不可欠である。川で溺れている子どもを見ると、誰でもためらわずに飛び込んで助けようとする。見ず知らずの子どもを助けて、自分は急流にのまれて命を失うこともある。そういった行為が後を絶たないのは、それが心に深く埋め込まれているからだ。サルにも人間に近いゴリラやチンパンジーでも、近親者以外に自己犠牲を払うことはない。

人間は、２００万年前に脳容量を増やし始めてから集団のために自己を犠牲にする精神をもつようになった。家族と複数の家族を含む共同体という重層構造の集団を作るようになったからである。家族は見返りを求めず奉仕し合う組織であり、自己犠牲の精神が宿る。しかし、共同体は互いに見返りを求める互酬性に基づく組織である。この二つの組織の原理はときには相反し合うので、ゴリラは家族的、チンパンジーは共同体的な集団しか作れなかった。二つを両立できたのは、人間が熱帯雨林を出て危険な環境に適応する過程で多産になり、複数の家族が集まって共同の子育てをしなければ生き残れなかったからである。その結果、共同育児を通じて自己犠牲の精神が共同体まで拡張され、人間は新しい障壁を共同して乗り越える能力を身につけた。だから、人間にとって美徳とは、顔見知りの仲間と協力して危険に立ち向かう社会力の源泉だったのだ。

国の為政者はその美徳を国の威信、安全保障、領土獲得に振り向け、多くの人々の命を犠牲にする。その間違いに兵士たちが気づいたことがある。1914年12月のクリスマスイブの晩、第一次世界大戦の最中でドイツとイギリスの兵士たちが互いに塹壕の中でにらみ合っていた。突然、クリスマスソングが聞こえ、ドイツの塹壕から白旗を掲げた兵士が現れた。イギリスの兵士たちもそれに応え、お互いの塹壕を訪問し合ってワインを飲み、抱き合ってクリスマスを祝ったのだ。美徳が道徳に目覚めることもあるのだ。このクリスマス停戦は翌年も兵士から提案されたが、残念ながら政府から無視されたという。

今こそ私たちは美徳が間違った目的に使われないようにしなければならない。美徳は人間を救うための行為であって、人間を殺すためのものではないのである。

暴力の起源

現代は大小の暴力が満ち溢れる時代である。世界各地で民族紛争が起こり、無差別のテロ攻撃によって多くの人々が命を落としている。職場や学校ではパワハラやセクハラが頻発し、家庭内でもドメスティック・バイオレンスによって人々は傷ついている。と、こう書くと、いかにも現代は暗い世相をしているかのように見える。いや、過去の時代だってあちこちに暴力は吹き荒れていたはずだ。ヨーロッパでは何年も戦争が続いていたし、アメリカだってヨーロッパからきた開拓者が原住民のインディアンを弾圧したり、黒人奴隷を酷使したりした時代が長く続いた。封建時代の日本でも、身分差別による弾圧や差別、女性蔑視による非人権的な扱いがあちこちにあったはずだし、明治維新以降、多くの戦争を引き起こして大量の虐殺にも手を染めてきた。今の時代がとりわけ暴力が際立っているとはとても言えない。

では、人間はこれまでずっと暴力をふるってきたのだろうか。人間の社会というものを、動物の時代に遡って考え始めたのは19世紀の半ばである。進化論を唱え、人間が他の動物から由来したことを主張したダーウィンは、人間と動物との最も大きな違いの一つに道徳の存在を挙げた。道徳を生み出した人間の能力は他者の苦痛を感じる共感の能力であり、過去を振り返りその行為を裁く良心の存在だと見なした。しかし、この時代には、そういった人間の社会性がどのように進化してきたかを推察することはできなかった。面白いことに、20世紀の前半まで野生の動物たちは暴力によって支配される社会に暮らしていると考えられていた。19世の中ごろにアフリカで発見されたゴリラは、好戦的で残忍な性格をもつと見なされ、1933年にハリウッドで公開された映画「キングコング」のモデルになった。20世紀の初めにロンドン動物園でヒヒの群れを観察した動物学者のツッカーマン卿は、ヒヒのオスが交尾相手のメスをめぐって激しく戦い、殺し合う様を見て、性的競合に基づく暴力がヒヒの社会を支配していると考えた。

やがて、こういった動物の攻撃本能を人類の祖先も受け継ぎ、武器の発明によってそれを拡大したという考えが登場した。動物行動学の始祖コンラート・ローレンツは、動物は同種の仲間に対して攻撃性を発現するが、多彩な儀礼的な行動によって抑制されていると考えた。そして、人間は武器の発明によってその抑止機構を進化させないままに戦いを拡大してしまったと見なしたのである。さらに、南アフリカで古い人類の化石を発掘していたレイモンド・ダートの説は、人類の進化が攻撃性の拡大によって可能になったことを示唆した。猿人アウストラロピテクスの頭骨に残された傷跡を、これらの化石人類がカモシカの大腿骨を武器として用いて殺し合った証拠と見なしたのである。ダートは初期の人類はまず狩猟具を発明して狩りの技術を高め、それを武器として仲間と戦うようになったと考えた。

第二次世界大戦直後に登場したこの狩猟仮説は、またたくうちに世界の人々の心をとらえた。おそらく大規模な戦争によっておびただしい人々の死を目の当たりにした人々は、この過剰な攻撃性の由来と行く末に人間社会の正の側面を見出したかったのだろうと思う。その思いは、とくに戦勝国の人々にとって切実だったのではないかと私は思う。ダートの説を『アフリカ創世記』（１９６２年）で強調した劇作家のロバート・アードレイは、武器と戦争は人間世界に自由と規律をもたらす最良の手段だったと言いきっている。１９６８年に封切られたスタンリー・キューブリックの映画「２００１年宇宙の旅」は、この本を土台にして作られている。「人類の夜明け」と題された冒頭シーンで、道具をもたなかった猿人たちがあるとき宇宙からきた謎の物体に出会って霊感を受け、動物の骨を用いて狩りを始める。やがてそれは武器となって人々の戦いを激化させ、人間の社会を作っていくというわけだ。この映画は、人間にとって戦争は本能と知性がもたらした避けられない行為だったことを人々に伝え、戦勝国の人々の罪の意識を和らげたと私は思う。

しかし、その後の人類化石の発見は狩猟仮説が誤りであったことを明らかにした。人類最古の祖先は６００万～７００万年前と古くなり、石器も２６０万年前に用いられたことが判明したが、人類が狩りをした痕跡は見つからなかったのである。おそらく、人類の祖先は植物食を中心とした雑食性で、肉食をするようになっても狩りをせずに肉食動物が残した獲物から肉を得ていたらしい。最も古い狩猟具は50万年前の石器を棒の先に取りつけた槍で、投げるものではなかったし、先をとがらせただけの短い槍がほとんどであった。とても人類が狩猟によって進化したなどとは言えない。

さらに、第二次大戦直後に敗戦国の日本で始められた霊長類の野外研究は、人間以外の霊長類がどのような社会をもっているかを明らかにして狩猟仮説の間違いを正した。まず、狩猟に用いられる攻撃性と同種の仲間に対する攻撃性は目的も方法も違う。狩猟は獲物を効率よくしとめることに目的があり、種内の闘争はトラブルのもとを除くことに主眼が置かれるからだ。後者の場合、相手を傷つけなくても、主張が認められたり原因が除かれれば攻撃する理由はなくなる。狩りをするサルもいるが、そのためにとくに攻撃性が高いということはないのである。

伊谷純一郎は、自身が研究したニホンザルとチンパンジーの社会をもとに霊長類の社会進化を構想した。ニホンザルはオスだけが、チンパンジーはメスだけが集団間を移籍する社会を作る。互いの優劣をはっきり認知し、劣位なサルが優位なサルの前で競合を起こすような行為を抑制するニホンザルと、互いの連合関係を組みかえながら社会的地位を変えていくチンパンジー。伊谷はそこに、先験的な不平等から、それを無効にするような条件的平等な社会性の進化を見出した。人間はチンパンジーとの共通祖先に由来し、互いの優劣に基づく先験的な社会性を平等へと向かうように変更を加えてきたというのである。対面交渉や食物分配などチンパンジーと共通なコミュニケーション、歌や言葉など人間に固有なコミュニケーションは、優劣の支配を解く役割を果たしたに違いない。

では、いったいいつ人間に固有な暴力が現れたのか。私は、それまで過酷な環境に生き延びるために鍛えられてきた人間の社会性が、自ら環境を変え、集合性や移動様式を急速に変化させていくなかで、その機能が発揮される対象や方向性を見失って暴発した結果ではないかと考えている。

人間と類人猿の社会の最も大きな違いは、人間が地域社会の下位単位として家族をもつ点である。それは、霊長類にとって個体単位の行為だった食を社会的なものに作り変え、大っぴらに行われるものだった性行為を隠したことによって可能になったと思われる。人間以外で、これほど広範に共食をする霊長類はいない。一方、人間はどの文化でも家族を超えて食を共有し、食事によって協力関係や連帯関係を確認し、新たに親密な関係を作る。逆に、性は決して公開するものではなく、家族内の夫婦に限定される。インセストタブーによって性的な親密さと親族の親密さが共存でき、家族という安定した集団ができる。これは、人類の祖先が安全で豊かな食物のある熱帯雨林から出て、大型の肉食獣が徘徊する草原で暮らし始めてから発達した社会性である。分散した食物を探すために、そして安全な寝場所を確保するために、祖先たちは家族とそれが複数集まった集団を必要としたからである。

この人間独自な社会性によって育てられたのが、仲間に共感する心と、集団への強固なアイデンティティである。人間以外の霊長類はいったん集団を離れたら、なかなかもとの集団にもどることはできない。また、他の集団へ加入するときは、もとの集団との関係は断たれている。ところが、人間は家族や親族のアイデンティティを保ったまま、さまざまな集団を遍歴できる。いやむしろ、集団を渡り歩くために自分の出自が必要なのである。これはとても不思議なことに見える。個人が新しく加入した集団にとって、新参者がもとの集団との関係性を断ってその集団に完全に帰属する方が有利だと思われるからである。そうせずに、個人に出自のアイデンティティを付与しながら集団を組みかえるようになったのは、個人が同時にさまざまな集団に帰属することが必要だったからだ。それは、目的に応じて人間が多様な集団を編成できる能力を育てた。

そういった人間に独特な能力が暴力に結びつくようになったのは、農業や牧畜が登場して定住するようになってからのことであろう。土地に価値ができ、その占有権をめぐって集団間に争いが生じ、暮らしをある範囲に限定する境界が引かれるようになった。土地を守るために死者が利用され、祖先崇拝によって祖先を共有する人々が家族のようなアイデンティティで結ばれるようになった。そして、歌と言葉の発明がそのアイデンティティを高め、ときとして集団間の軋轢《あつれき》を激化させる役割を果たすようになった。

現代の暴力は、人々の急激な移動とインターネットなどによるコミュニケーション革命によって、集団間の境界が消失し、人々が堅持していたアイデンティティが崩壊していくなかで起こっていると私は思う。人々は、自分が誰であるかという大きな不安に駆られているのだ。失われたアイデンティティを求めて、自分が属する共同体を求めて、人々は音楽に走り、スポーツに熱狂する。かつてアイデンティティ発揚の場であった戦いが、自らのアイデンティティを確かめるために利用される。親族のきずなを感じられなくなった人々が、独りよがりの幻想によって親しい仲間を蹂躙《じゅうりん》する。過酷な環境を生き抜いてきた人間の社会的な能力が、環境を作り変えた今、自らを傷つけようとしているのだと私は思う。

戦争の起源

ノーベル平和賞の受賞演説で、アメリカ合衆国のオバマ大統領がアフガンとイラクの紛争解決に「武力行使は不可欠なだけでなく、道徳上も正当化されることもある」と主張したことはまだ記憶に新しい。これはアメリカ政府が一貫して、戦争は平和をもたらす有効な手段と見なし続けてきたことを裏付ける発言である。世界一の大国がこのような態度を取り続けていては決して戦争はなくならない。なぜオバマは人々の期待を裏切るような発言をしたのだろうか。私はそこに、アメリカ人が人間の本性について大きな誤解をしてきた歴史が反映されていると思う。かつて、人類の進化についての議論は、その誤解を作り出すうえで重要な役割を果たした。しかし、それらの説は近年の先史人類学や霊長類学の新しい発見によって葬り去られたはずだった。驚いたことに、一般の人々、とりわけ政治家たちは過去の間違った言説をいまだに信じ、武力をもとに平和な世界を構築しようとしている。私は改めてその間違いを正し、戦争が決して平和の手段とはならないことを示したいと思う。

狩猟仮説とキラーエイプ仮説

戦争が平和の手段であるという考えは、第二次大戦直後に登場した「狩猟仮説」に端を発する。それは、１９２４年に南アフリカで当時最古の人類化石を発見したレイモンド・ダートが、１９４９年にアメリカの人類学雑誌に載せた奇妙な論文が始まりだった〔Dart, 1949〕。ダートの発見した化石は子どもの化石で、１７５万年前のものと考えられ、アウストラロピテクス・アフリカヌスと命名された。当時はアジアやヨーロッパが人類誕生の地と考えられていたので、この化石は人類の祖先とはなかなか認められなかったが、ダートは辛抱強く発掘を続け、いくつかのアフリカヌスの化石を発見して検討した。その結果、彼はアフリカヌスと同じ場所で発見されたヒヒの頭骨に決まって二重のへこみがあることに気がついた。これをカモシカの上腕骨によってつけられた跡であると考えた彼は、アフリカヌスが上腕骨を使ってヒヒを殺した証拠と見なしたのである。発掘現場からは石器は出土していなかったため、それまでアフリカヌスは植物食であると考えられていた。ダートはこの考えをくつがえし、アフリカヌスが動物の骨を用いて狩猟をしていたと主張したのである。

人類と他の霊長類を分ける大きな違いは、直立して二足で歩く奇妙な歩行様式と巨大な脳である。脳は人類の大きな知性の源泉だが、直立二足歩行は人類のどんな特徴を支えているのか定かではない。しかもアフリカヌスの脳はゴリラなどの類人猿の域を出ていず、脳は人類の祖先が直立して二足で歩きだしてずっと後に大きくなり始めたことがわかっていた。では人類の祖先はいったい何のために二足で立ち、それは後の脳の発達にどのように結びついたのだろうか。

ダートはこの疑問に一つの明確な回答を与えた。１９５３年に出した論文で彼は、アフリカヌスが二足で立ち、自由になった手で武器を作り、狩猟者となったことが人類の生活を一変させて高い知能を育てるきっかけになったと主張した〔Dart, 1953〕。武器の使用は、筋肉、触覚、視覚の協調を必要とし、神経系の発達をうながして大きな脳を形成するように働いたというのである。同年、動物学者のジョージ・バーソロミューと人類学者のジョゼフ・バードセルは、アウストラロピテクス類が狩猟者であったことを前提にして、彼らがすでに家族生活を営んでいたことを推測している〔Bartholomew and Birdsell, 1953〕。サバンナを疾走し、大きな犬歯をもつヒヒは決して安直に狩猟できる獲物ではない。屈強な複数の男たちが緊密に協力することが狩猟の成功を導く鍵となる。さらに、当時の人類はすでに成長が遅く、手間のかかる乳児や幼児を抱えていたと想定すると、集団の全員が狩猟に参加することはできないはずだ。狩猟は男が、育児は女が、という性的分業が起こり、それが家族の成立を促した。当時、社会人類学者のジョージ・マードックは統計的手法によって世界の民族がもつ社会の特徴を比較し、核家族という形態が人類に最も普遍的であると主張していた〔Murdock, 1949〕。バーソロミューたちは、直立二足歩行が手を自由にして武器の発達と赤ん坊の運搬を可能にし、それが狩猟や男女の分業を高めて大きな脳の発達と家族の成立を促したと考えたのである。

ダートはさらに驚くべき説を発表した。それまでに集められたアウストラロピテクス・アフリカヌスの頭骨に打撃が加えられた跡があり、これが同じアフリカヌスの仲間による仕業と断定したのである〔Dart, 1955〕。つまり、人類の祖先は自由になった手で狩猟のための武器を製作し、やがてそれを自身の仲間へ向ける殺戮の武器として使用し始めたというのだ。この説には学界から多くの批判の声が上がったが、別の分野からこれを支持し高める人々が登場した。アメリカの劇作家、ロバート・アードレイである。アードレイはダートの研究室を訪れ、蒐集されたアフリカヌスの頭骨を綿密に調べた。そして、アフリカヌスが武器を用いていたという24の証拠を挙げ、明らかに打撃が加えられていると思われる下顎骨と頭骨を二つ確認した。これらの証拠をもとに彼は、『アフリカ創世記――殺戮と闘争の人類史』（1962年）という本を出して、人類の祖先が武器を用いて狩猟者としての能力を高め、それを同種の仲間へ向けて戦いの規模を拡大してきたという歴史を描いた。小さな犬歯しか持たず、走力に劣る二足歩行のアフリカヌスが大型の肉食動物の多い草原で生き延びるためには、武器を持つことが不可欠だったと考えたのである。

さらに、アードレイは戦いの歴史を現代の人間までつなげた。人類の祖先が武器によって狩猟能力を高め、それがなわばり本能と結びついて自身の仲間を殺傷する行為が生まれた。それはやがて集団間の争いへと発展し、戦争が人類の社会的な行為として定着した。つまり、現代の人間世界に頻発する戦争の由来は武器と狩猟の発展にあるとするのである。アードレイは、狩猟と戦争ははるか過去の時代に人類が獲得した行為であって、もはや人間にとって戦争を放棄することは不可能だと述べた。そして、人類の進化の初期の時代から武器と戦争は自由と規律をもたらす最良の手段であり、それは今でも変わっていないと主張したのである。

この「狩猟仮説」を世界に広めたのは、1965年に製作が開始された映画「2001年宇宙の旅」だった。これは68年に封切られて世界中の話題をさらったが、その冒頭シーンはとくに有名である。アウストラロピテクスと思われる猿人たちが、あるときサバンナに突然現れた謎の四角い壁に遭遇する。まだ道具を持たなかった猿人たちがそのときに得た霊感と知性によって、やがてキリンの大腿骨を用いて動物を狩ることを思いつく。そして、その同じ道具が今度は水場を争う他の集団の猿人へと向けられ、集団間の争いを制する主要な武器として発展していく。武器となった骨が空中へと放り上げられ、それが宇宙船に変わって暗い宇宙の空間に浮かぶシーンは何とも印象的だった。監督のスタンリー・キューブリックは、それが人間の原罪となり、宇宙に進出しようとしている人間がその審判の時を迎えているということを描きたかったのだろう。しかし、はからずもこの映画によって「狩猟仮説」は人々の心に深く刻みこまれてしまったというわけだ。おそらくオバマ大統領もこの映画を見ているはずで、この物語の展開に深く感動していたに違いない。

狩猟技術の向上と攻撃性

「狩猟仮説」を自然科学の分野から擁護したのは、動物行動学者でノーベル賞を受賞したコンラート・ローレンツだった。彼は１９６３年に著した『攻撃――悪の自然誌』（日高敏隆・久保和彦訳　みすず書房）で、攻撃性は動物の基本的な行動を形作る本能であることを説いた。同種の仲間に対する攻撃はどの動物にも見られるが、動物にはそれが必要以上に過激にならないような抑止機構がある。儀礼的な闘争や、相手に自分の傷つきやすい部分をさらけ出すような行動がその例である。ところが人間は、武器を発達させたために、そういった抑止機構が発達しないままに攻撃性を拡大してしまった。武器を持つことによって強められた種内淘汰が人間の攻撃性を膨張させ、現代の戦争に発展してしまったというわけである。

人間の攻撃性を本能と見なすローレンツの考え方は、当時大きな非難を浴びた。とりわけ戦争を攻撃本能が武器によって拡大した結果と見なす考え方は、戦争を容認し、それを行使する権威的な社会を正当化するとして批判された。

しかし、狩猟が人類進化の原動力であり、狩猟技術の高度化が人間の攻撃性を増して戦争に結びついたという考えは、相当強く人々の心に根付いたようである。１９６６年にシカゴで開かれた狩猟採集民に関する国際シンポジウムで、狩猟採集民が攻撃的かどうかという議論が盛んに交わされているからである〔Lee and DeVore, 1968〕。当時、急速な都市化と農耕地化によって、世界の片隅でひっそりと生きていた狩猟採集民たちはしだいに姿を消そうとしていた。その文化の実態を記録し、狩猟という生業様式に隠されている人類進化の秘密を探り当てようと、人類学者たちは先を争って狩猟採集民研究に取り組もうとしていた。シンポジウムの冒頭で、狩猟は人類が不安定で複雑な環境で生き抜くために最も適応的な生業様式であり、人類の進化史の99%以上が狩猟採集生活であったことが確認された。議論の中で、何人かの研究者は、殺人を含む人間の同種の仲間への攻撃性は狩猟によって育まれたと見なしている。また、現代の狩猟民にとっても欧米人にとっても、戦争は狩猟とほぼ同じような感覚で考えられており、男たちにとって楽しみであるという意見もあった。しかし、狩猟採集民とともに暮らした経験を持つ研究者たちは、彼らが戦いを好まない平和な暮らしを営んでいると反論している。カラハリ砂漠にすむブッシュマンを研究したエリザベス・トーマスや、コンゴ盆地のイトゥリの森にすむピグミーを研究したコリン・ターンブルはともに、狩猟が攻撃性を高めることはなく、狩猟採集民はむしろ争いを防止するような社会性を発達させていることを主張している〔ターンブル、1976; トーマス、1977〕。

その後の化石と遺跡の検証によって、ダートの説は間違いであることが明らかになった。化石の形成過程を詳しく調べていたチャールズ・ブレインは、アウストラロピテクス・アフリカヌスといっしょに発見された動物の骨が、ヒョウやハイエナが食べ残した骨のかけらとよく似ていることに気がついた。また、アフリカヌスの頭骨に残る傷跡は、肉食動物によって付けられた歯形によく似ていた。そこで、頭骨に残る穴を計測してみると、ヒョウの犬歯の距離とぴったり一致したのである。この結果からブレインは、アフリカヌスは狩猟者でも殺戮者でもなく、ヒョウやその他の肉食動物から狩られる獲物であったと結論付けた〔Brain, 1981〕。

初期の人類が優れたハンターではなかったことも、化石証拠から明らかになった〔クライン＆エドガー、2004〕。１９６０年にルイス・リーキーは、東アフリカで最初の人類化石ホモ・ハビリスを発見したが、これはアフリカヌスとほぼ同時代の地層だった。この化石がホモに分類されたのは、脳容量がゴリラより大きく、６００ccをわずかに超えていたことと、同じ地層から石器が発見されたことによる。これは人類が初めて用いた石器であり、オルドワン石器と名付けられた。人類の生活痕として最初の知性の高まりが予想される石器から、ハビリスを最初のホモ属と見なしたわけである。しかし、この石器は丸石を打ち欠いただけの剝片で、とても武器として使用できるものではなかった。おそらく何かを切ったり、取り外したりするために用いたのだろうと考えられた。その後、最古のオルドワン石器は２６０万年前に遡ることがわかり、その様式は１８０万年前にホモ・エレクトスが登場するまでほとんど変化していない。エレクトスはアシューリアン石器を用い、左右対称のハートを逆さにしたような形のハンドアックスと呼ばれる石器を製作した。しかし、これも武器として使用したという証拠はない。狩猟に用いられたと考えられる最初の道具は南アフリカのカラハリ砂漠で見つかった槍の先に付けられたと考えられる石器である。また、ドイツのシェーニンゲンでも、

40万年前の槍が見つかった。しかし、この槍は2～3mの長さの木製で、先端をとがらせただけのものである。投げ槍ではなく、獲物を押さえ込むために用いたと考えられており、殺傷力は弱い。おそらく60万年前にヨーロッパに登場したホモ・ハイデルベルゲンシスが使ったのだろう。ハイデルベルゲンシスはすでに現代人並みの脳の大きさに達していた。脳容量の増大は狩猟技術の向上と必ずしも一致していないのである。25万年前にヨーロッパに登場したネアンデルタール人も、狩猟に効果的な武器を持っていなかった。彼らは時には大型獣を獲物にしたが、投げ槍ではなく刺し槍を用いたらしく、体中に獲物と戦った跡が残されている。投げ槍を最初に用いたのは1万8000年前にヨーロッパで暮らしていた現代人の直系の子孫クロマニヨン人で、この頃ようやく大規模な狩猟が可能になったと考えられている。

しかも、ネアンデルタール人もクロマニヨン人もこれらの狩猟具を仲間と戦うために用いたという証拠は発見されていない。武器を使った最初の戦争の証拠は、約1万年前に人類が農耕を始めてからである。農耕の中心地のひとつだったパレスチナのエリコには、9000年前の石造りの要塞都市が遺跡として残っており、戦争に備えるための監視塔が設けられていたことがわかる。5000年前に文字を発明したシュメール人の記録からも、すでに地域の間で戦争が起こっていたことがわかる。これらの歴史的な事実と照らし合わせてみると、人類が狩猟技術を高めてその規模を拡大したのはわずか数万年前であり、武器を用いて集団間で戦争を始めたのは農耕開始後の数千年前だったことがわかる。現在、人類の最古の化石はチャドにある700万年前の地層から発掘されたサヘラントロプス・チャデンシス、あるいは600万年前のケニアに暮らしていたオローリン・ツゲネンシスである。これらの祖先たちはすでに二足で立って歩いていたことが示唆されている。すなわち、直立二足歩行が手を自由にして武器の製作を可能にし、狩猟技術を高めて戦争を導くような人類の攻撃性を発達させた、とする人類進化のシナリオは間違っていたことになる。人類はその進化史のほとんどを本格的な狩猟をすることも、戦争をすることもなく過ごしてきたのである。

人類は狩猟されることによって進化した

では、人類の進化を促進した特徴とはいったい何だったのか。それは現代の戦争につながる人間性とどのような関係をもっているのだろうか。

人間以外の霊長類の社会から初期の人類の社会を類推する試みは、日本でニホンザルの研究によって開始された。今西錦司、川村俊蔵、伊谷純一郎、河合雅雄らは野生のニホンザルを餌付けして人間への警戒心を解き、一頭一頭のサルに名前を付けてその日々の行動を詳しく観察した。宮崎県の幸島、大分県の高崎山、大阪府の箕面、京都府の嵐山などで辛抱強く観察を積み重ねた結果、ニホンザルは血縁関係のあるメス同士で連合し、それに複数のオスが加入してできる群れで暮らしていることがわかった（伊谷、1954；河合、1964）。サルの間には明確な優劣の順位があり、メスは母親の順位、オスは群れに加入した時期によって順位が決定される。順位の序列は驚くほど安定しており、劣位なサルは優位なサルの前で決して食物に手を出さないし、相手を見つめるような態度を取らない。これは、食物が強い緊張感をもたらすような競合の源泉であり、注視が威嚇を意味するからである。ニホンザルはトラブルが起きそうな状況になると、互いの優劣順位によって勝者を決め、敵対関係を生じさせないようにしているのである。

日本より10年遅れて始まった欧米の霊長類学は、なるべく野生の状態で暮らしている霊長類の観察を心がけた。それぞれの種が持つ形態や行動の特徴がどのような環境条件によって作り上げられたかを解明しようとしたからである。彼らはサルたちの特徴が淘汰圧によって残されるためには、それが個体の繁殖成功に寄与しなければならないと考えた。哺乳類はオスとメスとで繁殖にかかる負担が大きく違う。妊娠と授乳に多大のエネルギーをさくメスにとって繁殖を成功に導くには、栄養価の高い食物を効率よく安全に摂取することが必要になる。しかし、身重にならないオスにとっては、繁殖可能なメスと交尾をする機会を増やすことが重要になる。そこで、サルたちが群れを作る理由として、食物条件によってメスの集合性が左右され、メスの群がり方によってオスがどのように群れに参加するかが決まると考えた。

つまり、栄養価が高く、得られる場所や期間が限られているような食物（たとえば果実）を主食とするような霊長類は、メス同士が連合してその限られた資源を占有するような社会性を発達させる。一方、年中どこでも得られる低栄養な食物資源（たとえば葉や樹皮）を主食としているような霊長類では、メス同士が連合するような傾向は弱くなる。そこで、前者の種では複数のオスがメスたちと連合して大きな群れを作り、後者の種ではそれぞれのオスがメスを囲いあって、単雄複雌の構成をもつハレム型の小さな群れができる。そして、前者の種がつくる複雄複雌の群れの大きさは、群れ間と群れ内の食物をめぐる競合のバランスによって決められる〔Wrangham, 1980〕。群れが大きければ他の小さな群れに比べて有利に食物資源を占有できるが、数が多いので群れ内の競合が高まってしまう。だから、小さすぎることも大きすぎることもない群れのサイズで落ち着くだろうというわけだ。

ところが、この食物競合説に反対する説が登場した。霊長類が群れを作る第一の理由は、捕食者から身を守るためだというのである〔Van Schaik, 1983〕。食物は仲間と競合する資源ではあっても、それが得られないからといってすぐに繁殖に影響するわけではない。場所を変えて探せばいいし、別の食物を食べる選択肢もある。しかし、捕食者につかまれば一瞬のうちに命を失うので繁殖どころではなくなる。食物と捕食圧では影響力が天と地ほども違うというのである。仲間といっしょにいれば、捕食者の発見効率も上がるし、自分が狙われる確率も下がる。とりわけ妊娠中のメスや授乳中のメスにとっては、外敵に立ち向かってくれるオスのそばにいることが繁殖を成功に導くために重要となる。たしかに、肉食獣や猛禽類などの捕食者がいるところといないところを比較すると、いるところでは群れサイズが大きくなる傾向が認められた。そこで、霊長類が群れを作るのは、食物資源と捕食圧の両方の要因が影響していると考えられるようになった。

この説の格好の実証例がヒヒの社会構造である。ロバート・バートンたちは、3種のヒヒの社会で食物資源の質と分布様式、捕食者の有無を比較してみた〔Barton et al., 1996〕。すると、果実が比較的豊富で捕食者のいる地域にすむアヌビスヒヒは複雄複雌の大きな群れを、草原で捕食者がいない地域にすむチャクマヒヒは単雄複雌の小さな群れを作っていた。そして、草原で捕食者のいる環境で暮らすマントヒヒは単雄複雌の小さな群れが集合して大きな集団を作ることがわかった。マントヒヒの社会はアヌビスヒヒとチャクマヒヒの双方の特徴を併せ持つ。草原で食物が均一に分布するので、メスが集合する必要がなく、オスが複数のメスを囲い合う。しかし、捕食者対策のためにオスが連合し、大きな集団を作る必要があるので、単雄複雌群がいくつも集まって重層的な社会を形成することになったのである。

マントヒヒの重層社会は、家族がいくつも集まった人間の地域社会にも似た特徴を持っている。マントヒヒの群れが集まる理由は、草原で暮らしているため、捕食者に狙われると逃げ込む樹木がないからである。そのためマントヒヒは、夜間は捕食者が近寄れない断崖に数百頭が集まって眠る。森林を出た人類の祖先も、同じ問題に直面して大きな集団を作るようになったかもしれないのである。

ドナ・ハートとロバート・サスマンは、人類の祖先が熱帯雨林からサバンナへと進出した数百万年前には、今よりずっと大型のライオンや犬歯ネコ、ハイエナなどがサバンナを闊歩していたと報告している（ハート&サスマン、2007）。その危険に満ちた場所で、人類の祖先は大きな集団で安全な泊まり場を渡り歩き、確実な情報を交換し合いながら生き抜く術を身につけたのである。その体験が相手の感情を即座に読み取ったり、機先を制したり、複数の仲間が役割を分担して共通の敵に立ち向かうような、コミュニケーションや社会性を発達させたというわけだ。ハートたちは「ヒトは狩猟者ではなく、狩猟される者として進化した」と主張する。

私もこの考えにほぼ賛成である。人類は脳容量を増加させた時代に肉を多く摂取するようになったかもしれないが、それは狩猟によって得られた獲物ではない。最初のオルドワン石器は狩猟具ではなく、おそらく肉を骨からはがすために使用された可能性が高い。石器の近くにその跡が残る動物の骨がたくさん見つかっているからである。ホモ・ハビリスやホモ・エレクトスは、肉食獣の食べ残した肉をかすめ取って食べていたと考えられるのだ。強力な肉食獣のすきをうかがう必要があった人類の祖先にとって、襲われる危険は身近なものだったに違いない。現代の人間が想像上の怪物や地球外の生物にいつも襲われる幻想を抱いて生きているのは、この時代に肉食獣から獲物として襲われた経験のせいかもしれない。

さらに、現代の人間は近縁なゴリラ、チンパンジー、オランウータンに比べると多産である。これは人間の赤ん坊の授乳期間が1、2年と短いせいである。ゴリラは3、4年、チンパンジーは4、5年、オランウータンは6、7年も乳を吸って育ち、この間母親は妊娠しない。霊長類の同種や近縁種間で比べてみると、森林に棲む種より草原で暮らす種の方が、樹上性の種より地上性の種の方が初産年齢が低く、出産間隔が短く、多産になる傾向がある。これは乳児や幼児の死亡率が高いために、それを補償するように出産を早めようとする傾向が発達するためである。人間が多産なのは、おそらく森からサバンナへ出てきた時代に高い捕食圧に直面して子ども死亡率が高まったためであり、それを現代まで受け継いでいると考えられるのだ。しかも、脳が増大するようになってから、脳の成長に摂取したエネルギーの大半を回すようになったため、子どもの身体の成長は遅くなった。そのため、人類は成長の遅い子どもをたくさん抱えなければならなくなって、母親以外の育児の手が必要になった。それが男女の経済的分業と家族の成立をもたらしたと私は考えている。まさに人類は、狩ることではなく、狩られることによって複数の家族が寄りあって暮らす社会性を発達させたのである。

戦争につながる人間の社会性

では、狩られるヒトとして進化してきた社会のどこに、現代の戦争につながる暴力の芽が潜んでいたのだろうか。それは、高い捕食圧の中で生き抜くために高められた強い集団意識が、農耕と定住生活によって土地と財産を守ることへ向かい、死者につながるアイデンティティと結びついて民族や国家への帰属意識として拡大されたことが原因だろうと私は考えている。

他の霊長類と比べると、人間は奇妙な集団意識を持っている。それは、もといた集団への帰属意識を失わずに他の集団に加入したり、渡り歩いたりできることだ。これは食と性の場を新しく作りかえることによって可能になったと私は思う。前述したように、サルや類人猿にとって食物は個体間に競合を引き起こす源泉である。だから、サルや類人猿は食べるときは互いに離れあい、休むときは寄りあおうとする。人間は逆に、食べるときに集まろうとする傾向をもっている。それは人間にとって、食はコミュニケーションの手段だからである。世界中のどの文化でも、食事は家族内に限定されず、広く公の場で行われるものとされている。食を共有することによって、人類は基本的な欲求を仲間と分かち合い、共感に基づき仲間と助け合うことの可能な共同体を作り上げた。そして、そのためにはもう一つの競合をもたらす源泉である性を公の場から隠す必要があった。人間以外の霊長類では、性的な行為は決して隠すものではない。交尾は仲間の目の前で堂々と行われる。しかし、人類は性行為を公の場で行うことを禁止し、さらに家族の中の夫婦以外の性行為も禁止してしまった。これは、複数の家族が寄りあって共同体を作り、家族を超えた緊密な協力関係を構築するための巧妙な仕組みである。家族内でインセストを禁止することによって、女の交換を通じて家族どうしが連帯する結婚という制度が立ち上がったからである。こういった性行為の禁止は生物学的な理由のもとに成立したルールではなく、純粋に社会的な要請に基づいて人為的に作られた規範である。その最も大きな機能は、霊長類では血縁関係にあるものどうしにだけ見られていた自己犠牲も含む連帯関係が、家族を超えて共同体にまで広げられたということだろう。

集団への帰属意識と連帯感をさらに高めたのは音楽、とりわけ歌や踊りだったのではないかと私は思う。スティーブン・ミズンは、言葉が発明されるずっと以前に人類は歌を獲得し、それは他者と共鳴し同調する能力を高めたと推測している〔ミズン、2006〕。歌の由来は子守唄で、母親以外の者が育児に参加することによって必要になる。類人猿の乳児は泣かないのに、人間の乳児は生まれた直後から大きな声で泣く。これは母親がすぐに乳児を他人に預けてしまうためで、赤ん坊は大きな声で自己主張することが不可欠になるためだ。子守唄は保護者がすぐそばにいることを伝え、赤ん坊を歌に引き込んで同調させ安心させる効果がある。また、人間は直立したことによって踊りが可能な身体を手に入れ、それを音楽に和することによっていっそう共鳴や同調の能力を高めたという。音楽は家族を超えて共同体の成員を一つにまとめ、共同体に奉仕するような精神を育てたと考えられるのだ。

さらに、言葉が発明されたことによって集団意識は増幅した。言葉は時間と空間を超越して情報を伝える。見たことも聞いたこともない出来事を、言葉によって追体験することができる。そこに現実にはない誇張や嘘も含まれる。共同体の外部にある脅威や危険について人々は言葉によって学び、それに対抗するために集団意識をさらに高めるようになったのである。

そういった共感に基づく共同体の間に敵意を生じさせたのは、定住生活と農耕という生業様式の登場だった。定住生活は、同じ土地を繰り返し利用することによってその土地に関する知識を高めると同時に愛着度も増すことになった。農耕によって原生林を切り開き、労力をかけて作物を生産するようになると、土地に大きな価値が付与されるようになった。土地は共同体の財産となり、それを占有して他者の侵入から守ろうとする行動が生まれた。二つの共同体の間に境界が引かれ、共同体の内部と外部が明確に区別されて認識されるようになった。共同体への帰属意識が強化され、共同体間の力関係をめぐってさまざまなルールが生まれたに違いない。そこで利用されたのが死者へつながるアイデンティティである。土地への権利は祖先に遡って議論され、祖霊信仰が生まれた。共同体を大きくするためには多くの人々が連帯する理由が必要である。共通の祖先は、それまで他人だった関係を血のつながりのもとに連帯させる力を持つ。人々は祖霊を祭ることによって共同体の規模を広げ、他の共同体との敵対意識を強めていったのである。それが民族や国家へと拡大され、やがて境界線をめぐって激しく争い合う歴史時代へと発展したのだろうと思う。

このように考えてみると、戦争の由来は人類の祖先が危険の多い環境で手を取り合って生き抜くために作り上げた、共感に基づく強い集団への帰属意識にあることがわかる。高い捕食圧から自分と子どもの身の安全を図るために大きな集団をつくり、役割を分担し、共同で育児をしながら社会的知能を発達させた。その結果、人類は自己犠牲の精神に基づく高度な連帯が可能な共同体を築くことに成功した。しかし、それがかえって捕食圧を軽減した後に、他の共同体へ向ける敵意となって増幅し、戦争という他の霊長類には見られない過度の暴力を創り出す結果となったのである。戦争は人類の攻撃性を狩猟生活が高めた結果ではない。狩られる生活のなかで人類が生存のために生み出した、特殊な集団意識とコミュニケーションの産物なのである。

〔参考文献〕
ロバート・アードレイ（1973）『アフリカ創世記　殺戮と闘争の人類史』、徳田喜三郎他訳、筑摩書房
リチャード・クライン、ブレイク・エドガー（2004）『5万年前に人類に何が起きたか？――意識のビッグバン』、鈴木淑美訳、新書館
ドナ・ハート、ロバート・サスマン（2007）『ヒトは食べられて進化した』、伊藤伸子訳、化学同人
コンラート・ローレンツ（1970）『攻撃――悪の自然誌』、日高敏隆・久保和彦訳、みすず書房
スティーブン・ミズン（2006）『歌うネアンデルタール――音楽と言語から見るヒトの進化』、熊谷淳子訳、早川書房
コリン・ターンブル（1976）『森の民』、藤川玄人訳、筑摩書房
エリザベス・トーマス（1977）『ハームレス・ピープル――原始に生きるブッシュマン』、荒井喬・辻井忠男訳、海鳴社
伊谷純一郎（1954）『高崎山のサル』、今西錦司編「日本動物記2」、光文社
河合雅雄（1964）『ニホンザルの生態』、河出書房新社
Bartholomew, G.A., Birdsell, J.B., (1953) Ecology and the Protohominids. American Anthropologists, 55: 481-498.

Barton, R.A., Byrne, R.W., Whiten, A., (1996) Ecology, feeding competition and social structure in baboons. Behavioral Ecology and Sociobiology, 38: 321-329.

Brain, C.K., (1981) The Hunters or the Hunted? An Introduction to African Cave Taphonomy. University of Chicago Press, Chicago.

Dart, R.A., (1949) The predatory implemental technique of Australopithecus. American Journal of Physical Anthropology, 7: 1-38.

Dart, R.A., (1953) The predatory transition from ape to man. International Anthropological and Linguistic Review, 1: 201-217.

Dart, R.A., (1955) Cultural status of the South African Man – Apes. Annual Report of the Smithsonian Institution, 1955: 317-338.

Lee, R., De Vore, I. (eds.), (1968) Man the Hunter. Aldine Transaction, New Jersey.

Murdock, G.P., (1949) Social Structure, The Macmillan Company, New York.

Van Schaik, C.P., (1983) Why are diurnal primates living in groups? Behaviour, 87: 120-144.

Wrangham, R.W., (1980) An ecological model of female-bonded primate groups. Behaviour, 75: 262-300.

人間の社会で共感と道徳はなぜ進化したか

今から150年前、チャールズ・ダーウィンは『人間の由来』を著して、人間が他の動物との共通祖先から進化したことを論じた。このとき、ダーウィンが人間と動物の最も重要な違いとして挙げたのは、道徳の存在だった。なぜ人間は他者の苦しみをわがことのように感じて、その苦境を救おうとするのだろう。近親者や仲のいい友達ならいざ知らず、見知らぬ他人まで命をかけて助けようとするのはなぜなのか。

ダーウィンは、道徳のもとは共感の能力にあると考えた。人間は自分が以前に感じた苦痛や快楽を長く覚えていることができる。もともと人間は自分の仲間を助けたいという気持ちをもっており、それが自分の記憶と結びついて、他者の痛みを感じそれを軽減したいという気持ちにつながったのではないか。自分の行為が仲間から称賛を受けたり、非難されたりするうちに、自分で過去を振り返り、過去の行為を裁こうとする良心が生まれる。そういった過程が繰り返されることによって道徳的感情が確立され、のちには宗教的感情や教育、習慣によって強められたと想像したのである。

しかし、もしダーウィンの言う通り、共感という感情が社会本能だとしたら、それは動物にもふつうに見られる能力なのだろうか。もし動物には希薄な感情だとしたら、いったいどういう経緯で人間に発達してきたのだろうか。

人間以外の霊長類の共感能力

群れを作って暮らすサルたちは、互いに助け合い、協力し合って生きているように見える。ニホンザルは50頭前後の群れを作り、複数のオスやメスがいつもいっしょにいる。猛禽類が舞いおりてくれば、みんなが警戒して声をあげ、枝を揺すって追い払おうとする。イヌはサルの天敵で、誰かが見つければクオンと鋭い警戒音を発する。すると、メスや子どものサルたちはさっと固まり、オスたちが前面に出てきてさかんに警戒音を連呼する。これを見ると、ニホンザルのオスたちはメスや子どもたちたちが危険に直面していることを理解し、それを協力して守ろうとしているように見える。

しかし、よく調べてみると、これらのサルたちは自分が直面している危険に反応しているだけで、仲間を助けようとしているのではないらしい。自分が安全な場所にいるときには、仲間が危険に直面しても助けようとはしない。たとえ、それが自分の子どもであっても助けることはないという報告がある。これはニホンザル以外のヒヒやオナガザルでも同様である。その理由は、サルたちは自分が関わっていない危険が仲間に及ぶことを理解できないからだと解釈されている。つまり、みんなが感知する共通の敵には立ち向かうが、仲間の陥っている危険に気付き、手を差し伸べる能力はないということになる。

でも、サルの母親は自分の子どものけんかに介入し、子どもに加勢して相手をやっつけようとする。子どもが悲鳴をあげれば、遠くからでも飛んできて、子どもをかばおうとする。子どもが傷ついた場合には、優しく抱きよせ、毛づくろいをしてやる。これらの行動は、母親が子どもの直面した危険を感知し、身を投じて子どもを救おうとしたと解釈できないのか。たしかにこれは共感に基づく行動と言えるかもしれない。ただし、これらの行動は相手がサルや外敵の場合に限られており、助けるのは血縁の近い仲間だけである。離れたところにいた母親は、子どもの声によって自分と共通の敵を察知しただけで、子どもの危険を理解したわけではないという解釈も成り立つ。

自分の血縁者でなければ、サルたちはめったに仲間どうしのけんかに介入しない。介入しても、たいてい優位なサルのほうを加勢して劣位なサルを追っかける。サルたちは互いにどちらが強いか弱いかをはっきり認知して暮らしている。この優劣の順位は驚くほど安定していて、2頭の間に食物を置くと、必ず優位なサルが取る。2頭が競合しトラブルが起こりそうな対象を目の前にすると、必ず劣位なサルが抑制するというのがサル社会の共存のルールなのだ。だから、仲間どうしがけんかするのを見ても、優位なほうに加勢して順位通りに勝者を決めてしまえばけんかは長引かない。サルたちは自分と相手だけでなく、仲間どうしの優劣順位もよく熟知しているのである。

こうしたサルの社会では、自分より優位なサルのけんかには介入することが難しい。優位なサルは劣位なサルの介入を許さず、反撃してくるからである。だから、仲間どうしのけんかに介入できるのは最も優位なサルに限られている。事実、ニホンザルの群れでも、最も優位なオスはしょっちゅうけんかに介入するし、劣位なサルではなく、攻撃した優位なサルを諫めることが多い。しかし、いじめられたサルを助けようとしているわけではなさそうだ。優位なオスは、自分の前で他のサルに優位な態度を示されると自分の社会的地位が脅かされるので、けんかをしかけたサルを攻撃すると解釈できるのだ。それを証拠に、咬まれて傷ついたサルをいたわろうとはしない。あくまで自分の権威が侵されるのを防ぐためにけんかに介入するのである。

類人猿の共感能力

ゴリラやチンパンジーなど、人間に近い類人猿になると、もう少しはっきりと共感を示す行動が増えてくる。ゴリラは自分より優位なものどうしのけんかに介入して、どちらにも加勢せずにけんかを鎮める。ゴリラは勝者を作ってけんかを終わらせるのではなく、両者の優劣にこだわらずに、けんかそのものを止めようとするからである。チンパンジーでは、傷ついた仲間の傷口をなめてやることがある。これは自分がけがをした体験を重ね合わせて、痛みを軽減させる意図があると考えられている。これらの行動は、ゴリラやチンパンジーたちが相手の内面の動きを推し量る能力をもつことを示唆している。

ゴリラは、明らかに苦境に陥ったものを助けようという行動を示すことがある。1996年にアメリカのブルックフィールド動物園で目撃された行動がその好例だ。ここでは、手すりの下が堀になっていて、その向こうにゴリラたちがいる。堀は深いのでゴリラたちは登ることができず、観客は安全にゴリラを見ることができる。しかし、この堀に誤って人間の子どもが落ちた。子どもは頭を打って気を失っている。放ってはおけない。でも巨大なゴリラを前に、誰も中に飛び降りて子どもを救おうとする人はいない。みんなが固唾をのんで見守る中、ビンティという名前のゴリラのメスがそうっと子どもに近づいた。そして、しばらく様子を見た後、やさしく子どもを抱き上げ、飼育員のいるドアまで子どもを運んだのである。運ぶ途中、子どもをあやすような仕草も見られた。これは、ビンティが子どもの苦境を理解して、助けようとしたと解釈され、美談として大きく報道された。一部には、ビンティが人形遊びをした経験があったので、その体験を繰り返しただけだろうという反論もあったが、私はビンティが子どもを救おうとしたと信じている。それは、私が野生のゴリラで子ども思いのゴリラの姿をよく目撃しているからである。

中央アフリカのルワンダにそびえるヴィルンガ火山群には、マウンテンゴリラが生息している。ここではゴリラを人に馴らして観光や研究調査を推進しているが、かつては密猟によってゴリラが傷ついたり殺されたりする事件が後を絶たなかった。森の中には動物を捕らえるワナがあちこちに仕掛けられている。足がワナに入ると、輪が締まり、足が跳ねあげられて身動きができなくなる。運よくワナを脱しても、輪に締め付けられて足の先が腐って落ちてしまう。私は調査をする中で、ワナによって手や足を失ったゴリラをよく見かけた。ただ、ある群れのゴリラだけはワナの被害が見られなかった。不思議に思っていた私は、あるときその理由を知ることになった。ワナにかかってもがいている子どもゴリラを、その群れのリーダーである大きなオスが押さえつけ、器用にワナを外しているのを目撃したのである。このオスはワナの仕組みを知っているだけでなく、子どもゴリラが陥った苦難を救おうとしたと考えられるのだ。

サルと類人猿の認知能力の違いは、自己を認知できるか否かだと言われている。サルは鏡に映った自分の姿を自分と認知できないが、類人猿には可能である。この能力は、他人の目に自分がどう映っているかを理解することにつながる。そして、それは「心の理論」、すなわち他者が独自の考えをもって行動していると見なす心の動きにつながる。サルにも近親の仲間が直面する敵を共通の敵として対峙する能力がある。しかし、仲間の心の動きを理解することはできない。「心の理論」は共感する能力を大きく前進させたと考えられるのだ。

類人猿には、サルには見られない行動がいくつか見られる。食物の分配、対面的交渉、社会的遊びがそのいい例だ。前述したようにサルは優位なものが食物を占有するが、チンパンジーやゴリラは劣位なものが優位なものに食物の分配を要求する。しかも、それは劣位なものが優位なものの顔をじっと見つめる行為によってはじまる。サルでは注視は威嚇を意味し、優位者の特権である。類人猿では注視が威嚇ではないので、遊びや交尾の誘い、あいさつなどに多用される。おそらく類人猿は互いに行動をよく見つめ、その内面を探り、状況に応じてさまざまな関係を作り変えながら暮らしているのだろう。だからこそ、遊びも多様で長時間続く。遊びを長続きさせるためには、相手の気分や能力に応じて、その場でルールを立ち上げていくことが必要だ。類人猿にはそういった相手の内面を推し量る能力があり、それが共感につながっていると考えることができる。

共感を育てる仕組み

しかし、類人猿のもつ共感の能力は群れの中の個体に限られている。しかも、類人猿には相手に自分の知識や技術を教えるといった行動がない。自分と相手との間に知識や技術の差があることを知っていても、その差を埋めようとはしないのだ。つまり、共感の能力はあっても、自分の力で相手を救おうとすることはめったにない。

人間は小さいときからおせっかいである。ままごと遊びというのは、互いにお母さんやお父さんの役割を演じて相手に関わるゲームである。相手が自分の思う通りに演じないと文句がでる。ままごと遊びをするためには、母親や父親のまねをする能力と、相手を自分の描くように演じさせる能力が必要である。人間の子どもたちがそれを苦もなくできるのは、心の理論の上に演技と教示の資質を備えているからである。それはおそらく、ある時代に人間の祖先がこれまでとは違った環境に進出して発達させた能力だと思う。

未だに熱帯雨林と縁の深い生活をしている類人猿と違い、人間の祖先は古い時代に草原に進出した。そのとき、祖先たちは分散した食物資源と強力な肉食獣の脅威という二つの課題に直面した。幼児の死亡率は急増し、食物の獲得に苦労しなければならなかっただろうと思う。その対策として人間が編み出したのは家族を作り、複数の家族が集まって共同保育をすることだった。ままごと遊びも、仲間のしぐさをまねる能力も、食物の分配も、教育も、すべてこの共同保育という作業によって発達したと私は思う。3年以上母親のお乳を吸って育つゴリラやチンパンジーの子どもと比べると、人間の子どもは1、2年で離乳してしまう。それは、出産間隔を縮めてたくさん子どもを作るという祖先の性質を受け継いでいる。人間以外の霊長類でも、森林性の種より草原性の種の方が多産の傾向があるからだ。人間は草原に出て多産になり、共同保育をすることによって、共感の能力を育てたのである。

子守唄は歌の起源と言われ、文化の違いを超えてトーンやピッチに共通の特徴をもつ。歌という独特なコミュニケーションを発達させることによって、人間は共感の能力をさらに高めることができるようになった。ささやくような声しか出さない類人猿の赤ん坊に比べて、人間の赤ん坊はけたたましい声で泣く。母親以外の手に渡されて育てられるため、自己主張するようにできているのである。歌はその赤ん坊を離れた距離からやさしく包んでくれる。そして、やがて歌は個人の境界を解いて集団を一体化させる効果をもつようになった。親しい仲間でなくても、コミュニケーションを通じて他者をわが身のように感じられるようになったのである。言葉の発明は、さらにその能力の幅を広げた。それが道徳の始まりだったのではないか、と私は思う。

人類はどこで間違えたのか
コロナ後の世界の構築へ向けて

先日、東京で第3回人文知応援大会「レジリエントな未来に向けて〜人類の進化と歴史から学ぶ〜」が開かれ、私は基調講演をさせていただいた。タイトルは「人類はどこで間違えたのか?」である。

まず、「人類は進化の勝者」という考えが間違っていると私は思う。そもそも人類に最も近縁なアフリカの類人猿は、2000万年前から勢力を伸ばし始めたサルたちに押されて、種の数を減らしてきた劣勢の種であった。サルに比べて消化能力も繁殖能力も劣っていたからである。乾燥地や平原に進出したサル類とは対照的に、類人猿は現在も熱帯雨林とその周辺にしか生息していない。一方、地球が寒冷化し始めた700万年前、人類の祖先は直立二足歩行を駆使して、熱帯雨林から徐々に草原へと進出を果たした。それは強かったからではなく、弱かったから縮小する森林に棲み続けることができなかったのである。速力でも敏捷性でも劣る二足歩行は、自由になった手で食物を運び、安全な場所で仲間との共食を導いて人類の生存を助けた。

人類が粗末な槍を使って狩猟を始めたのは50万年前であり、それまでは肉食動物に「狩られる」存在だった。互いの身を守るために助け合い、集団の規模を少しずつ拡大して肉食動物の脅威を防ぐことが人類の社会力を育てたのである。それは互いの社会関係を熟知して、即座に気持ちを理解し合う共感力によって鍛えられた。共食や共同の子育ては共感力の強化に役立ち、歌や踊りなどの音楽的なコミュニケーションはその触媒となった。つまり、人類は進化の大半を「弱みを強みに変える」ことによって発展してきたのである。

その共感力に満ちた社会に7万~10万年前、言葉が登場した。それが人間を勝者と見なす大きな原動力になった。言葉によって世界を切り分け、物語にして出来事を因果関係によって解釈し始めたのだ。人間はその物語の主人公になり、環境を対象化して世界を支配するようになった。1万2000年前に農耕・牧畜という食料生産が始まったのも、人間を主役にして環境を作り変える考えが主流になったからだろう。それは苦難を伴う道だったが、やがて余剰の食料を生み出し、人口を増大させる道を開いた。

しかし、定住と所有という農耕・牧畜社会の原則は個人や集団の間に多くの争いを引き起こし、やがて支配階層や君主を生み出して大規模な戦争につなげる温床となった。集団間の争いによって死亡する人の割合は巨大文明が発達した3000~5000年前に最大となり、下剋上の世の中を生き延びるためにキリスト教や仏教などの世界宗教が生まれた。この時期に人間は現世の苦しみをあの世で救済されるという考えを抱くようになった。これは人類が長い進化の過程で発達させてきた共感力を、敵意を利用して拡大させる道を拓いた。もともと共感力はせいぜい150人程度の小規模な集団で働く顔見知りの仲間意識である。急激に社会の規模を拡大し、顔も知らない人々が自己犠牲を厭わずに助け合うために、言葉を弄し、武力を強化し、社会の外に共通の敵を作って団結する仕組みを作ったのである。これは今でも戦争の基本的な考え方として力を発揮している。

産業革命はそれまで家畜の力に頼ってきた人間の暮らしを、人工の動力によって拡大することに成功した。しかし、同時に自然の時間を人工的な時間に変える役割を果たした。農村で季節の変化に従って生きてきた人々は、工場が立ち並ぶ都市に集められ、管理された時間に従って生産性や効率を高めることに精を出すようになったのである。その結果、自然界にはない製品を作り出せるようになり、支配層だけではなく一般の人々も過剰に物を欲するようになった。それが無限の経済成長を信じる思想を育て、海外へ進出して領土を広げ、自国にはない産物を略奪する行為を正当化した。大航海時代と植民地主義はこうして始まり、人々を生まれ育ちや外見で差別する考えは今でも欧米社会に根深い。

今まで人類が成功者として歩んできたという思想の裏に、実は間違えた道筋をたどった歴史が隠されている。地球環境が限界に達した今、これまでの人間の足跡を検証し、正しい道へと社会を導かねばならない。現代まで、私たちは「過去へは戻れない」と思い込み、ひたすら前を向いて生きてきた。しかし、そろそろ過去の間違いを認めて、共感力と科学技術を賢く使う方策を立てるべきではないだろうか。

それには言葉の持つ力を正しく認識し、言葉以外の手段を用いた共鳴社会の構築を目指すことが必要だ。個人の欲求や能力を高めるよりも、ともに生きることに重きを置く。新型コロナに慣れて対面が可能になる今こそ、それを真剣に考えるべきである。管理された時間から心身を解放し、自然の時間に沿った暮らしをデザインする。所有を減らし、シェアとコモンズ（共有財）を増やして共助の社会を目指すことが肝要だ。それは長い進化の歴史を通じて人類が追い求めてきた平等社会の原則である。現代の科学技術はそれを可能にしてくれるはずである。間違いを認めず、いたずらに武力を強化して、再び戦争の道を歩むことだけは決してあってはならない。

勝つこと、負けないこと

ゴリラと歌舞伎はよく似ている。それは構えが似ているからだ。たとえば、ゴリラにはドラミングというディスプレイ（誇示行動）がある。二足で立ちあがって、手の平で交互に胸をたたく行動で、体重２００kgを超えるオスゴリラがやると大きな威圧感がある。これは歌舞伎の見得とよく似ている。勧進帳の弁慶の見得が有名だが、足を開いて手を大きく広げ、首を振り、顎を引いてはったと前方をにらみつけ、いかにも勇ましい男の中の男といった雰囲気を醸し出す。見得が決まった瞬間には、拍子木に似たツケが調子よく打たれて場は最高潮に達する。ゴリラも首を横に振り、肩を怒らせ、上半身を開いて大きく見せるしぐさが伴う。

歌舞伎でもゴリラでも、これは男やオスが周囲に見せる誇示行動である。ほれぼれとするほど格好いい。なぜ人間とゴリラでこんなに似ているのかというと、男やオスの社会における構えが同じだからだと思う。つまり、みんなのために体を張って敵に立ちはだかる構えが格好いい男やオスに求められているということだ。

面白いことにこの構えは戦う前に使われ、必ずしも戦うことにつながらない。見得を切れば戦いが起こるわけではないし、ドラミングはむしろゴリラのオスが戦わずに面子を保って引き分けるために用いられる。これは勝敗をつけずに緊張した場を収めるゴリラに独特な方法である。19世紀にアフリカで最初にゴリラを見たヨーロッパ人の探検家は、このドラミングを戦いの宣言と誤解し、恐怖のために銃を発砲せずにはいられなかった。以後１００年以上も誤解は解けず、ゴリラはキングコングのモデルとされ凶暴な野獣と見なされ続けた。ドラミングの真の意味が解明されたのは、20世紀の後半になって野生のゴリラが調査されるようになってからのことである。

なぜ、これほど長くゴリラのドラミングが誤解され続けたのか。それは、構えというものはそれを行う立場になって体験してみなければ理解できないからである。野生のゴリラの人間に対する敵意を減じ、ゴリラの群れの中に入って観察できるようになって初めてドラミングの意味を実感できたのである。

私も20代の頃からアフリカの原野でゴリラの群れに入り、ドラミングをはじめとするさまざまなゴリラの構えを体験してきた。そのひとつに誇示歩行がある。長い腕を突っ張って地面に立て、肩を張り、背中をそらせてのっしのっしと歩く。成熟したオスだけでなく、メスや子どももゴリラもよくこの誇示歩行をする。仲間に遊びをしかけるときなど、この歩行をして相手を誘う。すると、負けじとばかり相手も誇示歩行をして追いかけ合いが始まる。ゴリラたちは互いに張り合うことが大好きなのである。

のぞきこみという行動も面白い。相手に近づいてその顔をじっと注視し、さらに顔を近づけて静止する。ゴリラの嗅覚は人間より鈍いぐらいだから、相手の匂いを嗅ごうとしているわけではない。のぞきこみは、相手を遊びや交尾に誘うとき、けんかの後に和解しようとするとき、相手の食べている場所を譲り受けようとするとき、などに現れる。どうやら相手と一体になって操作しようとするときに、のぞき込みが使われるようだ。

ゴリラに特有なのは、体の小さいゴリラがよくのぞきこみをするということだ。サルにも相手を注視する行動があるが、常に体の大きな優位なサルが劣位なサルに対して示す。注視は威嚇を表すので、強いサルに見つめられたら弱いサルは視線をそらさなければならない。見返したら挑戦と見なされて、強いサルに攻撃されてしまうからだ。ところが、ゴリラは視線をそらさない。むしろ弱いゴリラが相手を注視する。ゴリラの社会では注視が常に威嚇にはつながらないし、そもそも仲間との間に優劣を意識して暮らしてはいない。ゴリラは負けず嫌いなのだ。

ゴリラの行動にはその切れ目にいちいちもったいぶったような間《ま》がある。それは相手に合意を促しつつ、それを相手に委ねる行為だ。強制するのでも、懇願するのでもなく、対等な位置に立って向かい合う態度である。サルは相手と向かい合う前にすぐ自分と相手との優劣を意識して、それを行為に反映させてしまう。ゴリラはそうせずに、間をおいて状況に応じた関係を相手との間に作る。そこが人間に近い類人猿とサルとの構えに現れる社会の違いだろうと思う。実は、間という呼吸も歌舞伎の大事な要素だ。見得も一瞬の静止があるからこそ、その構えが緊迫感をもち引き立つ。それが人々の目に美しく映るのは、勝つ姿勢ではなく、負けない姿勢が尊ばれる社会に人間もゴリラも生きているからである。

人間とゴリラの社会の共通点はこの負けない姿勢にあると私は思っている。人間は子どもの頃から負けず嫌いで、いつも仲間と競い合う。でも、その目的は必ずしも勝つことにあるわけではない。勝つためには相手を押しのけ、屈服させねばならず、結果として自分は孤独になったり恨みを買ったりする。目標が負けないことにあれば、仲間と同じレベルに立って心を一つにできる。ゴリラは敗者を作らないような社会に生きているからこそ、ドラミングという誇示行動が発達した。歌舞伎の見得のような構えがもてはやされるのも、人間が勝つことではなく負けないことに重きを置いた社会に生きようとしているからではないかと思われるのだ。

19世紀の人々がゴリラのドラミングを戦いの宣言と誤解したのも、当時の欧米社会が戦いに明け暮れていたからである。社会の階層化が進み、人種や民族の差が論じられ、支配する人間と支配される人間が顕著になる時代に生きていた人々にとって、対等性を基に作られた社会の構えを見抜くことが難しかったのではないだろうか。

構えは言葉では伝えることができない。構えを構成する前後の文脈や状況を実体験の中で覚えてやっと体得することができる。ゴリラはその社会の基調をなす構えをずっと体の表現によって伝えてきた。子どもゴリラたちはまだ乳離れをしない頃から胸をたたき、仲間と競い合って遊ぶ。そうするなかで負けず嫌いの心を育て、どのようにしたら仲間と対等な関係を保てるかを体得していく。それを身につけて自分のものにしていくためには、何よりその構えを好きにならなければならない。ゴリラはドラミングや示威歩行が大好きなのだ。

人間の構えにも似たところがある。好きな構え、格好いいと思う構えはその社会の中で自分がそう見られたいという姿勢を表し、それをもとに他者との関係を築きたいという願望を秘めている。その典型が歌舞伎である。私たち日本人が生み出した最も美しい構えであり、それは人間の社会を支える基本的な心を表している。そこには人間の生物学的な能力だけでなく、文化の力も埋め込まれている。だから人間の美しい構えを作るには修練が必要だ。歌舞伎も小さい頃から手ほどきを受け、修練を積んで伎《わざ》を磨かねばならない。いくら口で言われても、ビデオを繰り返し見ても美しい構えに到達することはできない。その意味と力を体で感じ、納得する必要があるからだ。

現代の日本社会では、負けないことが勝つことと同一視されて、しだいに勝つ構えに重きが置かれるようになってきた気がする。自己実現が目標とされ、個人の利益ばかりを追求する世の中になって、いかに勝つかだけが人々の関心を引くようになった。19世紀の社会にもどりそうな悪い予感がする。戦争の足跡が聞こえそうな不安が募るのはそのためだと思う。ゴリラの構えと歌舞伎の見得の共通性に目を向けることをきっかけにして、人間が伝えてきた本源的で美しい構えと社会のありかたを見直すべきだと思う。

争いばかりの人間たちへ

人間は他の動物にはない能力を持っています。

1つは他人の目から見た自分を想像できること。もう1つはいろんなグループの中で自分を演じられる自分がいること。この2つの能力から世界を平和にする提案をします。

人間は、何かになってみた自分を想像できる生き物です。想像力をもってすれば、どんな動物にも石にも川の流れにも海の波にもなれる。そういう風に、自分が対面している相手の目になって、相手から自分がどう見えているかを考えてみましょう。

人間は、自分で自分を見ることができません。したがって、「自分であること」というのは、本当は「他人から見た自分であること」なんです。他人の目が「自分」をつくるわけです。

だから、自分が何かを行なうときは、つねに他人がどう考えるか想像しましょう。自分が行なうことの評価は他人が行なうものなのです。自分の基準だけで「僕はいいことをやった！」と思って自分をほめるのは間違いです。それは他の人から見たら、いいことじゃないかもしれない。他の人から「あの人、いいことやったよね」って思われなければ、それは「いいことをやった」ことにはなりません。そうして自分だけの基準で自分をほめて、そのほめられた自分こそが本当の「自分」であると思ってしまうこと、これが人間の間違いで、争いのもとなのです。

その簡単な例をあげましょう。戦場で人を殺すことです。僕は何度か少年兵に会ったことがあります。ちょうど14歳か15歳の少年たちでした。家族や親族を殺され、強い復讐心を抱いて戦いに参加した子どもたちです。彼らは敵を殺すことがうれしくてしょうがない。「よくやったよね、おれ」って自分で自分をほめている。でも他の人にとったらとんでもない殺人行為なわけです。殺される人間、あるいは殺される親族たちにとってみれば英雄ではなく悪魔ですよね。

相手の立場になって、相手の気持ちを想像して、相手が自分をどう見つめているか考えながら「自分」を意識し、つくっていくこと。これがまず大事です。

もう1つの能力をみてみましょう。

人間は家族、学校、会社など、いろんなグループを渡り歩いて毎日暮らしています。いろんなグループのいろんな人から常に見られている。そのなかで人間は、さまざまに違った自分を演じることができるのです。

たとえば家の中では、「息子」「娘」を演じることができるし、学校の中では「友達」や「生徒」としてふるまうことができます。相手によって自分を変えられる。そしてそれをコントロールできる「自分」がいる。どの相手に対しても、「自分」を保ちながら状況に応じてちゃんと対することができる。それは本当はすごく難しいことなんだけど、それを当たり前のようにできるのが人間の力です。

でも、せっかくこの能力を持っていても、あるグループの中で、ある特定の相手と自分があまり密な関係になってしまうと、コントロールできなくなるんです。

たとえば、すごく仲のいい相手ができる。そうすると相手に対する義務感に縛られてしまうんです。相手がこうしてくれたから、自分もこうしなくちゃ。糸がほどけなくなってしまう。いろんな人といるなかでも、いつも相手のすることに味方するか味方できないかという二者択一の決断を迫られるようになる。味方できるけど味方しないという選択もあったはずなのに。

そうして他の人の期待にこたえられなくなっていくんです。だって自分は特定の相手にのみ味方して尽くしたいから。そうすると他の人とは友達にはなれなくなっていく。敵ができる。つまり、味方をつくったがために敵ができてしまうわけです。

だから敵をつくって争わないためには、味方をつくらないこと。誰か特定の人を信頼して、その人といつも一緒にいたいなんて思わないこと。

もちろんどうしようもなく何かを好きになったり、誰かと一緒に何かやりたいと思う心は抑えられません。でも、そんな自分が、外から見たらどう見えるかということを想像して意識してみましょう。ちょっと一歩踏みとどまって、みんなから見つめられる「自分」をしっかり持って、相手と少し距離をおく。そうして、いろんな相手との関係をうまくコントロールできる「自分」をつくって付き合いましょう。そうすれば敵も味方もつくらず、争いも起きません。

特定の人がいないと困ったときに助けてもらえないかもしれない、と不安になるかもしれないけど、自分には特定の人しかいないと考えたら、その人以外はみな敵になるわけ。その人がたまたまそばにいなかったら、自分は敵に囲まれていることになる。それは最悪なことです。

社会には、自分が窮地に陥ったときに助けてくれる人がいっぱいいます。特定の人だけじゃなくてみんなが助けてくれるという風に思ったら大丈夫。

付き合い方を意識すると、相手にそんなに負担を感じさせないですみます。それが人間社会のルールみたいなもの。あんまり溝をつくらない、あんまり絆を重くしない。だから、親友ができなくてもそう悲観しなくてもいい。親友はいなくてもいいんです。

想像力をもって、いろんな他人の目を自分の中に取り入れていけたら、「自分」にはもっと大きな可能性がでてきます。そして、自分を狭めてしまって、ある特定の人だけの期待にしかこたえられないような自分をつくるよりも、いろんな可能性を自分で広げて、いろんな人と付き合えれば、その方が自分としては楽しいはず。

絆を重くせず、かろやかに人と付き合いましょう。味方をつくらないのだから、敵もできません。それは、平和をつくる礎になります。

第4章

サルの国

サルから見たリーダー論

リーダーはなぜ1人なのか、と思うことがある。シーザー、ナポレオン、始皇帝、チャーチルなど歴代のリーダー、そしてトランプ、習、プーチンなど、現代のリーダーを見ても、2人のリーダーが同じ組織に並び立つことはない。これは、そもそも政治組織がピラミッド型で、その頂点に立つのは1人しかありえない、と誰もが考えているからである。しかし、それはサル社会の論理だ。

サルの社会には、リーダーではなくボスがいる。リーダーとは組織を構成する人々の期待を集め、その期待に沿って、みんなを導くトップを指す。ボスは自分の力で支配し、人々の期待に関わりなく自分の思うように社会を動かす。ニホンザルの社会は互いの優劣によって食物や場所を得る優先権が決まるので、ボスがいつも自分の力を誇示している。ただ、力が衰えると他のサルに地位を奪われてしまうので、ボスの時代は長くは続かない。クーデターや抗争で人間社会のボスが駆逐されるのも同じだ。

人間に系統的に近い類人猿はどうだろうか。オランウータンはオスもメスも単独生活をしているので、そもそもリーダーなどできない。ゴリラは家族単位で暮らし、メスは自分の好むオスを選んで動くので、オスはメスに選ばれて頼られる存在だからリーダーに近いと言える。他のオスに地位を奪われて追い出されることはないが、成熟した自分の息子と組んで複数のリーダー体制を作ることがある。メスや子どもたちに最大限の注意を払っていて、危険が迫ると真っ先に飛び出してくるのはリーダーのオスだ。

チンパンジーになると少し複雑になる。チンパンジーにはボノボという別種の仲間がいるが、とても対照的な社会を作る。どちらも複数のオスとメスが共存する数十頭の群れで暮らし、メスだけが群れ間を移動するが、オスの存在感がまるで違うのだ。チンパンジーのオスは興奮すると全身の毛を逆立て、オス同士が連合関係を組んで張り合う。優位に立った方が主導権を握り、その中で一番強いオスがリーダーとなる。みんなリーダーには一目置き、常に挨拶を欠かさないが、オス同士の連合関係が弱まれば、リーダーの地位を追われる。一方、ボノボはオスがメスより弱く、オス同士で連合関係を組むことはない。隣の群れとも平和に付き合い、めったにけんかをしない。チンパンジーはオスの派閥争い、ボノボはメスが強くてリーダー不在の社会を作るのだ。

さて、改めて日本の政治をながめてみると、やはりチンパンジー型かなと思う。今回の総裁選（2020年）でも派閥の勢力が結果を大きく左右し、男の政治家ばかりが表面に出る。しかし、総裁が決まれば、リーダーとしての責任や期待は首相が一身に担うことになる。実際は派閥の力関係が政治を動かしているのに、人々の関心は首相ひとりに集中する。実際、これまで政治の失敗は常に首相の責任にされ、首相が辞めればもうその責任は問わないといった事態が繰り返されてきた。これはどうもおかしいし、その風潮を煽るメディアの責任は重いと思う。

集団が小さければ、ゴリラのようにみんなに注意を払えるリーダーを選ぶことが肝要だ。リーダーはそれこそ命をかけてみんなの安全に気を配るだろう。新型コロナウイルスの脅威で大きく目立ったのは地域の首長たちだった。これは、首長たちの決断がすぐに人々に行き渡るからである。しかし、国の政治は派閥や党の力関係で動いているし、今回よく分かったように総裁や党の代表は国民の選挙で決められない。これではリーダーと言っても、国民の期待を一身に背負っているとは言えない。しかも国は大きすぎて、首相が国の隅々まで目を配るわけにはいかない。国民の目には派閥争いと党利党略ばかりが目に付いて、リーダーについて行こうという気持ちは起こりにくい。だから不満ばかりが噴出して、ネットで暴力的な意見が増殖する。

さて、21世紀の政治はいったいどんな形が望ましいのだろう。それは家族と共同体という絆を活かした分権と連帯による社会だと思う。人間は歴史のどの地点にあっても家族を手放さなかった。これは、家族が共感と責任を持てる組織として大きな力を発揮し続けてきた証である。家庭内暴力とか悪い面もあるとはいえ、現代でもその力は失われていない。その家族が複数集まって共同体、共同体が複数集まって地域社会と膨らんでいくとき、リーダーの選び方と役割が問われることになる。そこでは、派閥争いに終始するのではなく、人々の期待に沿って先頭に立つリーダーを複数選び、リーダーに役割を分担させるべきなのだ。単独のリーダーを選べば権力が集中するし、その恩恵を受けようとして派閥がはびこることになる。複数の指導者が役割を全うして連携し、その業務をしっかり評価できるようなシステムを作れば、リーダーに過度な期待をかけ、不満を集中させることにはならないはずだ。つまり、ゴリラとボノボの特徴を併せ持つような社会にしたらどうだろう。

日本にはなぜ女性のリーダーが生まれないのだろうか。それは、派閥もリーダーも人々が抱くイメージが男に偏り過ぎているからである。しかし、世界はしだいに女性のリーダーを作り出しつつある。コロナ禍で的確な施策を実施して人気を博したのは、ドイツのメルケル、ニュージーランドのアーダーン、台湾の蔡など、女性の首長だった。女性のリーダーにはなぜか、強権を振るわない、共感力で人々を説得する、というイメージがある。それが今回はプラスに働いたと思う。日本でも小池知事をはじめとして女性が地域の首長になるケースが増えている。それは日本でも、派閥に頼る男の権力志向にしだいに嫌気がさし始めている徴候だろう。日本に女性のリーダーが誕生する日もそう遠くはないかもしれない。

ゴリラから見た人間社会の未来

霊長類の社会を研究して人間社会の由来を探るという試みは、日本が誇る世界初の挑戦だった。20世紀中盤まで、欧米の学者は社会や文化は言語をもつ人間だけに見られる現象と見なしていたからである。社会や文化は意識によって作られる。その意識は言語の産物だから、言葉をしゃべらない動物たちは意識がなく、したがって社会や文化も持たないと考えられていたのである。

しかし、一頭一頭のニホンザルを個体識別し、社会交渉をていねいに記録することによって、日本の霊長類学者はサルにも互いの優劣や血縁を認知する見事な社会構造があることを発見した。今では、動物ばかりでなく、鳥や昆虫にも社会があることを疑う者はいない。また、動物たちにも道具を使い、計画性を共有するなど、文化的な能力があることが認められている。社会も文化も人間が他の動物と共有する特質なのである。ではいったいそれは、どんな由来を持っているのだろうか

私は、当初日本の霊長類学者が人間の家族に最も近いと考えた、ゴリラの社会を研究して

きた。ゴリラの集団では母親だけでなく、父親も認知されていて、親子の間に交尾が回避される仕組みがある。メスが生まれ育った集団を出て、繁殖相手を探して集団間を渡り歩くなど、初期の人類の社会を想像させる特徴を数多く備えている。人間と異なるのは、こういった家族的な集団が複数集まって共同体を作らないことである。

ゴリラに限らず、チンパンジーでもサルでも、なぜ家族と共同体という重層構造からなる社会を作らないのか。それは、見返りを求めないで奉仕する家族と、役割に応じて見返りが求められる共同体という、編成原理の違う組織を両立させることが難しいからである。人間にそれができたのは、相手の立場や状況を推し量る高い共感力と、組織を頻繁に出入りすることを可能にする高い許容力をもったせいである。この二つの能力は、人類の祖先が豊かで安全な熱帯雨林を出て、食物が分散し、肉食獣が徘徊する草原で暮らし始めたことによって鍛えられた。人間以外の霊長類は、食物がある場所でしか採食しないが、人類の祖先は広く歩き回って食物を採集し、それを安全な場所に持ち帰って仲間と一緒に食べ始めた。直立二足歩行はそのために発達した人類独自の特徴であり、食物の運搬と共食によって人間は仲間を信じ、自分が見ていないものを仲間と共有する能力を手に入れた。さらに、捕食圧に対抗するために多産になった人類の祖先は、共同保育の輪を広げ、脳が大きく成長が遅い子どもを持つようになって共同体に教育を委ねるようになった。この背景が家族と共同体という重層構造の社会を生んだ原動力であり、人間はそれをいくつも束ねてより大きな規模の社会を作るようになった。

言葉の発明による認知革命、定住と農耕・牧畜による食料革命を経て、工業社会、情報社会と歩みを速めてきたのは、熱帯雨林の外で作り上げた重層構造からなる人間の社会力のおかげだった。それを支えるのは共感力と許容力だが、実はそれらの力が及ぶ範囲は限られている。人間の脳の大きさと集団の規模には正の相関があり、現代人の脳は150人ぐらいの集団規模に合致するとされる。なぜなら、これらの人々を繋ぐ接着剤となってきたのは情報ではなく、言語以前のコミュニケーション、すなわち音楽や食事、共同作業など五感を共有する行為だったからである。それは現代の情報社会でも変わっていない。ゴリラは常に群れの仲間と一緒にいて、数日でも群れから離れるともう仲間には入れてもらえない。人間はその拘束をできる限り解いたのだが、社会脳としての本質は共に暮らすところにあるという点はゴリラとあまり変わらないのである。SNSやインターネットでは信頼できる仲間の数は増えず、かえって自分が無防備なまま社会に放り出されるような不安が広がっている。

では、これから人工知能（AI）が活躍する超スマート社会を迎えるにあたって、私たちはどういう対応をすれば幸福な社会を築くことができるのだろう。それは人間どうしを結ぶ接着剤とは何かを再考し、効率的な暮らしと別に人間の価値や尊厳を高める社会のあり方を模索することである。生命科学が進歩し、遺伝子編集技術によって生命のあり方が変わっても、ロボティクスや情報通信技術によって人間の能力やコミュニケーションが変化しても、人間は生物的な身体を持ち続けるだろう。生物の本質とは絶えず変化し続けながら安定した状態を保つことである。それを生物は直観的に理解できるし、それゆえに身体や五感の違う別種の動物とも了解しあうことができる。人間がペットや家畜と交感しあえるのはその好例である。そこには効率や経済という科学が追求してきた世界とは違う時間が流れている。

その時間を取り戻すために、私は複線的な人生と異なる時間の流れる社会の構築を提案したい。ＡＩやロボティクスが活躍する経済優先の社会では、人間は外部化された知識や知性を使う存在にならねばならない。そこでは生産性や効率を高める役割が要求される。しかし、生物としての要求に基づく幸福を追求するためには、他の人間や自然と交感できる社会が必要だ。そこでは共有される時間と公平性が尊重され、言葉以外のコミュニケーションを多用して人間の結びつきが図られる。この二つは両立できない。だから、都市と地方に質の異なる社会システムを立ち上げ、個人がどちらにも属する暮らしを展開するのが最適の方法だ。それが、科学的な論理の優先する人間の頭脳と、ゴリラから受け継いできた人間の身体の両方を満足させる未来のあり方であると私は思う。

天空の森の謎と憧れ

海上アルプスと呼ばれる屋久島の奥山は、私にとって宮﨑駿監督のアニメ映画「天空の城ラピュタ」であり、「もののけ姫」が駆け抜ける原生の森であり、いつか「風の谷のナウシカ」のような廃墟になってしまう危険を予兆させる場所であった。それは、長らく屋久島低地の亜熱帯林でヤクザルの調査を続けてきた私から見ると、全く風景の異なる別世界であったし、人知の及ばない聖なる森と思われたからであった。

1970年代の中盤に初めて屋久島を訪れた私は、同僚の丸橋珠樹らとともに西部の海岸線の森でヤクザルの調査を始めた。それまで北は下北半島から南は屋久島まで、ニホンザルの生息地の端から端まで訪ね歩いてきて、初めてアコウやガジュマルなどの生い茂る亜熱帯林のサルに出会ったのである。驚いたのは植物の多様性と変幻自在なサルの動きである。サルを追って森を歩くとすぐに姿は消え失せ、予想外の場所に現れる。サルの密度も高く、あちこちでサルと出会うので、見ている群れが数時間前に出会った群れと同じなのかどうかいつも迷わされた。本土の群れは100頭を超える大型の群ればかりなのに、屋久島の群れは

30頭前後と小さく、しかもそれが頻繁に分裂するので混乱した。やっといくつかの群れを識別して本格的な調査に入ったのは１９８０年代に入ってからである。

その間、後にヤクザル調査隊を率いることになる好広真一さんたちが、ときどき上部域のサルの調査に屋久島を訪れていた。夏と冬にそれぞれ2週間ほどの調査をして、標高１５０0ｍ以上に生息するサルの生態を調べる。北大のヒグマ研の学生も参加して本格的な登山技術を要する調査だった。私は装備を荷揚げするぼっか要員として参加した。それまでに最高峰の宮之浦岳（１９３６ｍ）をはじめ、いくつかの高峰に登っていた私は、森林限界近くのシャクナゲの群生やその上のヤクザサの草原を見たことがあった。しかし、サルの住みかとして眺めたことはなかったので、そのとき初めて標高ゼロの地点から上までサルの目になって登ったのである。登るごとに亜熱帯林、照葉樹林、落葉樹林、亜寒帯林へと次々に変わる植生を見て、サルたちはいったいどのようにこの植生に適応しているのだろうと考えた。それまで私が見てきたニホンザルは一つの植生タイプに生息していた。下北や志賀高原の積雪地、房総、湯河原、嵐山の落葉樹林、小豆島、高崎山、幸島の照葉樹林、それぞれにサルは棲んでいたが、屋久島のように標高によって日本列島の南北をめぐる植生帯が並んでいる場所はない。屋久島のサルたちはそれぞれの植生タイプに定着して棲み分けているのか、それとも複数の植生タイプを移動しながら融通無碍に暮らしているのか、大きな疑問だった。

奥山の頂上付近は、冬には３ｍを超える積雪がある。丈の低いヤクザサはすっかり雪に埋もれてしまう。しかし、そんな雪の上でもサルの足跡を見たり、サルの姿を目撃したという登山客の声があった。長年、志賀高原で雪と格闘しながらサルを追跡してきた好広さんには確信があったのだろう。雪深い屋久島の山頂付近にもサルはきっと暮らしているはず、と信じて調査を始めたのだ。しかし、低地の森で調査をしている私たちはその考えに疑いを持った。低地の森は雪が降らず、一年中豊かな食物が得られる。冬にだってサルの大好物のフルーツが幾種類もなる。雪の上で寒さに震えながら、草の根や樹皮など栄養の乏しい食物を探し歩くよりは、海岸部に降りてきた方がよっぽど暮らしやすい。山の斜面は地続きだし、森はつながっているのだから、歩けば数時間で移動できる。サルはきっと夏と冬で生息域を使い分けているに違いないと考えたのである。

実際、冬季の上部域の調査では寒さが身に応えたらしい。湿雪が体にまとわりつき、靴がすぐ重たくなる。乾かないから、小屋にいても湿気と寒さに悩まされる。みんな風邪をひいて下りてきた姿を見て、これは想像以上に過酷だなと思ったものだ。しかし、好広さんたちはそんな雪深い上部域にもサルの姿を認めるようになっていた。たしかに、厳寒の冬にもサルたちは雪の上で暮らしていたのだ。上部域のサルたちの暮らしについて、一気に興味が広がったのはこの頃である。

ただ、半谷吾郎さんたち若い世代が中心となって本格的に上部域の調査を始めるには、まだいくつかの準備段階があった。１９８０年代は屋久島でサルの害が急増した時代でもあった。当時、屋久島のポンカンが全国的に人気を博し、地元の人々はポンカン栽培に熱を入れ始めた。畑を上に広げてポンカン園を作り、薬をまいて害虫を駆除し、機械の手を借りて増産を図った。しかし、奥山の一斉皆伐によって生息地を失ったヤクザルたちは、ポンカンという新しい魅力的な食物を見つけて次々に山を下り始めたのである。80年代の中盤には年間のサルの捕獲数が５００頭を超えた。サルの害に困った農家たちはその対策を研究者に求めた。サルのことをよくわかっているなら、その防除策も立てられるはずだというわけである。爆音機をならしたり、花火を使ったり、漁網で畑を囲んだり、犬を放したり、さまざまな方法が考案され、試された。しかし、どれも特別効力を発揮することはなかった。どの方法にもすぐサルは慣れ、また、いくらサルを捕獲しても、次から次にサルたちが現れたのである。いったい、屋久島にどのくらいサルがいるのかが話題になった。

鹿児島大学農学部の萬田正治さんと京都大学霊長類研究所の東滋さんが中心となって、猿害防除のための電気柵の研究が始まった。畑を電気柵で囲み、ソーラー電池で稼働するセンサーを付けて、サルが近づいたら爆音機が鳴り、電気が流れて柵に触れるとショックが生じる仕掛けである。これはある程度の成功をおさめ、サルの捕獲と並行して電気柵の工事が進み、しだいに猿害は減少した。

さらに、当時京都大学にいたデビッド・ヒルさんと、京都動植物専門学院の小林律子さん、相場（旧姓松島）可奈さんたちが、杉の年齢が異なる植林地を対象にサルの分布や密度を調べた。造林事業がサルの生息にどんな影響を与えるのかを分析したのである。その結果、スギの植林によってサルの食物が減り、密度が大きく減少して、遊動域が広くなることがわかった。猿害はやはり、人為的な攪乱によってサルが生息地を広げた結果起こっていたのである。

サルの研究者としては、猿害防除によってサルが過度に捕獲され、生息状況に甚大な影響が出ることが心配になる。そこで、外国人研究者を招聘し、屋久島で国際シンポジウムを開き、国外の例を参考にしながらヤクザルの保全を訴えた。それまで伐採が予定されていた瀬切川流域が「屋久島を守る会」の運動によって1982年に国立公園に編入され、1984年には花山原生環境保全地域の総合調査が始まり、屋久島全体が自然をどう保護し活用すべきか、という議論で沸いていたころだった。地域振興による交付金の落ちやすい土木工事だけでなく、農業や漁業も含めて未来に持続できる産業を考え直す必要がある。自然環境の保全とエコ・ツーリズムの活用もたびたび話題に上った。当時、日本モンキーセンターに勤めていた私は、学芸員の大竹勝さんといっしょに屋久島で「ヤクザル展」を開催し、普及誌「モンキー」で屋久島特集を組み、屋久島からの参加を得て屋久島を考えるシンポジウムを犬山で開き、屋久島の若い世代を中心にした「あこんき塾」という自然を学びなおす活動を始めた。

1980年代末には、猿害が起きている地域に一体サルがどのくらいいるのかを調べた。好広さんや萬田さん、京都大学の高畑由起夫さんや古市剛史さんたちが中心となってチームを組み、屋久島の海岸部の人里や畑地に張り込んでサルの数を数えた。その結果、海岸部127㎢には2000〜3850頭のサルが生息することが推測された。この頃、京都大学霊長類研究所の大井徹さんたちによって開発された「定点ブロック観測法」がヤクザル調査隊に生かされることになった。

この観測法は、500m四方の区画の真ん中に定点を置き、そこに観察者が一日中張り付いてサルの動きを観測する。同時に複数の定点のまわりを移動する観察者が無線機を使ってサルの移動方向を定点観察者に伝える。それまでは道を横切るときのサルの群れの行列をすばやく数えており、サルの一瞬の姿から性・年齢を判別しなければならなかった。かなりの経験が必要で、熟練の研究者が集まらないと広い地域をカバーできなかった。でも「定点ブロック観測法」を用いれば、定点で観察している人たちは経験が浅くてもいい。サルの気配を感じたら、それを移動しているベテランに報告してみんなで共有し、群れを特定する。同時に定点で観測しているわけだから、少なくともその地域にいくつの群れがいるかがわかる。こうして、半谷さんたちのヤクザル調査隊は毎年全国からまだ調査の経験のない学生たちを集め、上部域のサルたちの動向を若者たちの力によって明らかにすることに成功したのである。

私がヤクザル調査隊に参加したのは1990年の2回目だったように記憶している。まだ試行錯誤の時代で、定点と移動者をどう分担するかを模索していた。台風が心配なので、毎晩ラジオを聞いて天気図を書き、気候変化に目を光らせていた。毎日蚊に悩まされながら定点で耐え、トランシーバーに飛び交うサルの情報に右往左往した。しかし、低地の酷暑とは打って変わった涼しい夜に、焼酎を飲みながら語り合うのはとても楽しかった。まだ、半谷さんも座馬さんも松原さんも京都大学に入学していなかった頃のことで、当時私は38歳、青春の時代を抜け出ようとする頃だった。すでに半谷さんたちもその頃の私の歳を超えたはず。さて、どんな思いであの頃を振り返り、未来を目指すのか、ぜひ聞いてみたいと思う。

その後、私はアフリカでゴリラの研究と保護をめぐる、現地の人々との活動に身を入れるようになって、屋久島から少し距離を置くようになった。でも、あの頃の熱い日々が忘れられず、屋久島で何か起きるときはなんとか時間を作って出かけることを心掛けている。最近は屋久島学ソサエティが設立されて、研究者を含め多くの人々の交流によって屋久島の未来を考える輪が広がってきた。ヤクザル調査隊の役割もますます高まって行くのではないかと思う。1984年の花山原生林の調査の折、私は標高1200m付近でシキミの葉の食痕を見つけた。シキミは神社に供えられる低木で実には毒がある。こんなものをサルが食べているのかと思ったものだが、あたり一面に生えているハイノキを見逃していた。地元の人に聞くと、昔はハイノキの葉を煎じてお茶代わりに飲んでいたそうで、だったらサルは食べないだろうと思っていたのだ。ところが、その後の半谷さんたちの調査によれば、この地域のサルの主要な食物はハイノキの葉だという。先入観は禁物だとつくづくと思う。まだ、上部域のヤクザルの謎は解けていないし、天空の森への私の憧れはますます強くなっている。ヤクザル調査隊の今後の活躍を大いに期待しよう。

第5章

自然が語ってくれるとき

人類の終末と物語の消滅

サルや類人猿の物語

人間以外の霊長類であるサルや類人猿と人間との最も大きな違いは、人間が物語を作る能力に長けていることである。すでに、人間は現実ではなく、物語の世界に「生きている」と言っても過言ではない。それはもちろん、人間が言語を操ることに由来するのだが、物語を「作る」能力は言語以前に登場したと私は考えている。

物語は、さまざまな物や生物、仲間との関係を認識し、そこに一定の持続性があることを仲間との間で共有することによってできる。サルや類人猿（小型類人猿はテナガザル、大型類人猿はオランウータン、ゴリラ、チンパンジー）でも、群れを作って暮らす種類であれば、その能力をいくらか持っていることは容易に想像できる。彼らの暮らしの目標はいかにおいしい食べ物を安全に食べるかであるから、食べ物のありかを示す自然の徴候や仲間のしぐさについて共通の認識を持っているはずだ。食物の量も場所も時期も限られているから、その情報を的確に読んで効率よく採食する必要があるし、仲間とけんかをしないように食べなければならない。ニホンザルは強い仲間の前では食物に手を出さないようなルールをもっている。食物を目にしたとき、仲間との間でどういったドラマが展開するか、その場にいるサルたちは予想しているはずだ。ゴリラは食物をめぐるトラブルが生じると、近くにいる仲間が介入して仲裁する。だから、けんかをするゴリラは、そばのゴリラが介入してくると予想してぶつかり合うはずである。ただ、サルもゴリラも物語は自分が参加する場合に限られている。自分が感知しない場所で起こったことについては関心を寄せないし、そもそもそれは彼らにとって「起こらなかったこと」なのである。

彼らの群れは日々身体を密着させることで成り立っている。毎日顔を合わし、いっしょに食物を探し、外敵に立ち向かい、安全な場所を見つけて隣り合って眠る。常に仲間の声の届くところにいて、仲間と呼び交わすことが群れの成員である証である。だから、数日間も不在にすると、仲間との関係は切れてしまう。ニホンザルだと、それまで偉そうにしていた優位なオスでも、いったん離れてから戻ってくると下位のサルから攻撃されるし、ゴリラではいったん群れを離れたオスは二度と元の群れには戻れない。サルや類人猿では不在は死と同然の扱いを受け、再会しても元の関係には戻れないのである。つまり、同じ物語を共有する仲間にはなれないということだ。

彼らの記憶能力が低いということではない。私は昔親しく付き合っていた野生のゴリラと26年ぶりで再会したことがある。もはや老年に入っていたオスだったが、私のことを思い出してくれた。それは、私がゴリラの挨拶として発した音声に応え、みるみるうちに子ども時代の表情としぐさに戻って行ったことで実感した。彼は私を覚えていたが、それは彼自身が身体ごと昔に戻るという反応であって、昔のように私を受け入れるわけではなかった。しばらくして彼ははっとしたように年老いた顔に戻って私を見つめ、きびすを返して森の奥へと去って行ったからである。ゴリラと私の昔の物語は、現在の関係にすぐにつなげることはできないのである。

人間的な物語の始まり

人類が、自分の見えないところで起こっている物語を共有するようになったのは、直立二足歩行を始めて、しだいに熱帯雨林から草原へと歩を進めた時期だろうと思う。直立二足歩行は、長い距離をゆっくり歩くときにエネルギー効率がいい歩き方で、四足歩行より敏捷性や速力は劣る。それでも、地上性の肉食動物が多く、逃げ込む樹木の少ない草原で人類が生き延びられたのは、直立二足歩行が有利だったからだ。自由になった手で食物を運び、安全な場所で仲間と一緒に共食をすることに役立ったのである。

人間以外の霊長類は食物を採集した場所で食べる。サルの食物はほとんどが樹上で得られる果実や葉や昆虫で、あまり外敵にねらわれることがない。地上で食物を探すことのあるヒヒやニホンザルのようなサルたちも、食物を持ち運ぶことはなく、その場で口に入れる。これらのサルにはほほ袋が発達していて、たくさんの食物をまず口に入れてこのほほ袋に納め、安全な場所に移動してからゆっくり食物を口に出して消化する。サルの社会では食物の競合を避けるために、個体間の優劣順位に従い、優位なサルの前では劣位なサルが譲るようなルールが発達している。優位なサルが採食場を独占するし、他のサルに食物を分けるような行為はほとんどの種類のサルには見られない。

類人猿は時折食物を分配する。オランウータンやゴリラは大きな果物を仲間と分配することがあるし、チンパンジーはサルやムササビなど小型の動物を捕獲して肉食するときは必ずと言っていいほど仲間に分ける。分配は、体の小さい個体が、果物や肉を持っている体の大きい仲間に分配を乞うことによって起こる。近づいて行って、食物と仲間の顔をじっとのぞき込んだり、手を伸ばしたりすることによって催促するのである。たいがいは食物の一部、それも小さいほうやまずいほうの切れ端を分ける。決して積極的に分配することはない。分配は近親者や交尾相手に対して行われることが多く、けんかの際の加勢や、交尾をする機会を増やすことを分配の対価として求めている可能性がある。ここに、食物を分配することによって、将来起こり得る物語を共有しようとする態度がうかがえる。しかし、相手がそれを納得し、物語を共有しているかどうかはよくわからない。また、類人猿が食物を運ぶことはめったになく、食物を積極的に社会交渉の道具に用いているとは思えない。

食物分配行動は類人猿以外のサルにも見られることがある。南米に生息する小型のタマリンやマーモセット類である。これらのサルは双子や三つ子を産み、しかも新生児の体重が重いので母親の育児負担が大きい。さらに、これらのサルは樹上ですばしこい昆虫を捕食するので、母親が子どもを抱いていては敏捷に動けない。そこで、複数のオスや年上の子どもたちが育児に参加することになる。生まれた直後からオスが赤ん坊を抱いて運び、母親は授乳するときだけ赤ん坊を抱くことすらある。食物分配は乳離れするころの赤ん坊に対して起こり、オトナどうしにも見られることが知られている。

食物を分配する行動を霊長類の系統関係と照らし合わせてみると、面白いことがわかる。まず、オトナどうしで食物分配が見られる種では、必ずオトナから養育している子どもへ分配が起こっている。さらに、分類群によって食物分配が起こるかどうかに大きな違いがあり、よく見られるのは類人猿とタマリンやマーモセットだ。つまり、食物を分配するという行為は、まず育児に長い期間を要したり負担が大きかったりする種で子どもに対して起こり、それがオトナどうしに波及したことが推測できる。実は、人類は類人猿より多産であり、子どもの成長に長い期間が必要で両方の特徴を持っている。食物分配が人類の祖先に頻繁に見られるようになったのは必然だったのではないかと考えられるのだ。

人間の物語は、祖先がしだいに熱帯雨林を離れ、樹木のない草原へと歩を進めるようになったころから始まる。肉食獣の徘徊する草原では、屈強な男たちが遠くまで足を運んで食物を探し、それを安全な場所まで持ち帰って女や子どもたちといっしょに食べることが重要になる。直立二足歩行はそのために発達したのだ。このとき、安全な場所で待っている人々は食物のありかや採取した状況を知らない。果たしてその食べ物が食べられるものかどうか、自分で確かめるすべはない。仲間を信じ、仲間が伝える情報を頼りにその食物をいっしょに食べ、自分がその食物を探すことになったらその情報を利用するのである。ここに、自分が参加していない場所での情報を共有する必要が生じ、人間的な物語が生まれる。言葉がない時代だから、祖先たちは手ぶりや身ぶり、物を用いて情報を伝えたのだろう。

道具の発達と物語の変容

人間に確実な物語をもたらしたのは道具である。シロアリを釣る棒や、硬い木の実を割る石器など、簡単な道具はチンパンジーも作ることができる。しかし、その道具を仲間と共有し、さらに改良を加えていく技術は人間だけの特徴だ。最初の石器が現れたのは約260万年前で、石を割ってその破片で植物を切ったり、肉食動物が残した獲物から肉を切り取るために用いたようだ。ハイエナが嚙み砕けない硬い骨を石器で割って、骨髄を取り出して食べていたらしい。この石器は仲間の間で繰り返し用いられ、しだいに左右対称形の握りやすい握斧（ハンドアックス）へと変わっていく。これらの仲間で共有された道具が存在するということは、その道具によって伝えられる物語も共有されたということである。つまり、その道具によって、何を、いつ、どこで、どのように処理したのか、というストーリーを共有できたのである。

道具はだんだん精巧に、そして多様になる。それは、多くの人々が新しい物語を付与し、その物語に沿って道具が変容してきたことを示唆している。さらに、道具に複雑な手が加えられると、それを使う場所に放置するのではなく、持ち運ぶようになるし、所有物としての価値が出てくる。道具を作るのが上手な人が現れ、革新的な道具によって世界が変わる。たとえば、80万年ほど前に火を用いることを覚えた人類は、火を起こす道具を考案することによって、50万年前には常に火を使えるようになった。長い間、狩猟は小型の動物が対象で、大型の動物を狩るのは肉弾戦だった。しかし、20万年前に現れた現代人（ホモ・サピエンス）は遠くまで槍や石を投げられる道具を製作することによって、大型動物の狩猟を成功させた。さらに、動物の骨を加工して縫い針を発明し、毛皮を縫い合わせることによって厳寒のシベリアへと数万年前に進出できるようになった。未知の土地へ進出することによって新たな必要性が生まれ、それを解決するために道具が考案され、それがまた新たな夢を人類にもたらす。その繰り返しによって、人類は新たな物語を次々に創り出し、世界を自分のものにしていったのである。

その人間的な物語の結晶が芸術である。芸術の最初の徴候は7万7000年前の南アフリカのブロンボス洞窟に現れた。赤色オーカー（酸化鉄を組成とする粘土状物質）、穴の開いた無数の貝、オーカーに描かれた抽象模様などが見つかったのである。おそらく、このころの人類は体に色を塗り、貝をつなげて飾り、抽象的な模様によって情報を伝達していたのではないかと思われる。続いて４万年前のドイツでマンモスの牙やハゲワシの骨で作った笛が見つかり、インドネシアやヨーロッパの洞窟では手形や動物などの壁画が発見されている。２万年ほど前からは、フランスやスペインなどで動物や人間を描いた精巧な壁画が製作され始める。

これらの芸術作品にまず必要な条件は、それを用いる定常的な場所と安定した集団である。しかも、より大きな集団で、仲間どうしの強い信頼が必要とされたからこそ、それらの芸術の価値が高まったのだろう。芸術はそれを共有する仲間どうしの高い共感力が必要で、仲間に同化したり同調したいという願望を強める。無い物を想像する能力、別の人や動物に憑依する能力を高める。そして、この世界を新たな目で解釈したいという欲望を創り出す。それが、人間を自然から引き離し、人間独自の世界へと大きく飛躍させるきっかけとなったのである。

物語の終わり

人間が現代のように言葉をしゃべるようになったのは、７万〜10万年前ごろだろうと言われている。30万年前に登場し、３万年前まで生きていたネアンデルタール人も言葉をしゃべっていたが、現代人のように自在に言葉を操ることはできなかったと考えられている。それは、ネアンデルタール人の遺跡に装飾品や象徴物があまりにも乏しく、物を遠くまで伝達した証拠がないからである。集団も十数人という単体の家族で、集団どうしでコミュニケーションを取り合うことはあまりなかったようだ。

一方、言葉は現代人の能力を飛躍的に発展させた。物と違って言葉は重さがなく、何処にでも持ち運べるし、腐ることがないので時間をも超越する。おかげで人類は、時間と空間を超えるスケールで、大きな物語をより多くの人々と共有できるようになった。それは、人々をつなげる接着剤となり、集団内の協力や連帯を強固にし、集団間をつなげてより大きな重層的な社会を作り上げる役割を果たした。

言葉は意味を作る。人間や動物の行動に因果関係を見出し、ストーリーを作る。空間的な関係に意味を持たせるには、そこに時間を組み込む必要がある。言葉によって、人間は現在を過去と未来から分離し、時間的な流れに沿って自分の生き方に意味を見出すようになったのである。さらに、死という現象を終わりや消滅とみるのではなく、新たな世界への旅立ち、転生や再生の入り口として見るようになった。宗教はこうして生まれた。キリスト教の新約聖書に「この世は神の言葉から創られた」と書かれているのはそのためである。言葉はロゴス（論理）を創り、以来人間は言葉によって世界を解釈するようになったからである。

しかし、考えてみると言葉はサルから受け継いだ人間の五感のうち、視覚と聴覚を拡大したものに過ぎない。霊長類は視覚優位の世界を構築してきたのであるが、言い換えれば人間にとって、真実は見ることによってもたらされ、言葉とそれに続く科学技術は、その視覚世界を広げようとした努力の賜なのである。それは人々のつながりを増やし、社会を拡大した。だが、人々の信頼は視覚や聴覚には代替できない嗅覚、味覚、触覚に大きく依存している。親しい人の匂い、懐かしい味の記憶、肌の触れ合いが人々のきずなの源であることは、現代でも変わっていない。言葉や科学技術は人や物の移動、情報の共有によって視覚世界を大きく広げ、人間のつながりを増やしたが、人間どうしの信頼の輪を強化し拡げることには大して役立っていないのではないだろうか。

そればかりか言葉は一方で、人間に負の効果ももたらした。自然とはかけ離れた物語を創り出すことによって暴力や戦いに人々を駆り立てるようになったのである。言葉は自然の摂理とは違う解釈を与える。「オオカミのように残忍な」、「ブタのように不潔な」、「ウシのように愚鈍な」といった表現は人間からの一方的な見方である。そして、逆に人間を動物のように見立てることによって、排除や殲滅《せんめつ》を可能にする。本来、狩猟という経済的な行為を人間との争いに当てはめて、狩猟具を用いて人間を狩り立てる。そういった行為に不可欠なのは、集団のために身を捧げるという不思議な精神性である。動物の群れはそれぞれの個体の利得から成り立っていて、自分の子を守るためでなければ、命を懸けて集団のために尽くそうなどということは起こらない。だから、争いはいつも個体レベルで終結する。ところが、人間は血縁関係もない人々によって作り上げられた国家に忠誠を誓い、国家間の争いに命を懸けて参加する。これほど不可思議で、自然に反した行動はない。

グローバルな世界は、ここ数世紀の間に急速に発展した科学技術によって登場した。とりわけここ数十年のコミュニケーション技術の変革は、人間どうしに新たなつながりを創り出している。空間の制約を一気に取り払って、人々が同時に膨大な数の人間と情報を共有できるようになったのだ。しかも、その情報は急速に増加し、もはや人の手で処理できずにＡＩ（人工知能）によって分析され、社会がその結果に頼るようになりつつある。人の物語が情報化され、それがＡＩによって新たな物語に作り変えられようとしているのだ。

これは人間の物語の終わり、すなわち人間の終わりを意味する、と私は思う。ＡＩは人間の持っている感性と知能から、知能だけを発展させた情報検索機械である。それに学習機能が加わって「考える」ことが可能になった。しかし、愛とか感動とか衝撃とか、不快や愉快などの心の動きといった、人間にとっては情報にならない部分こそが生きる上では重要だし、それが生きる意味になる。人間の心は外から完全に読むことはできない。だからこそ、あらゆる手掛かりを用いて相手の気持ちを探ろうとする。そこには視覚や聴覚だけでなく、嗅覚や味覚や触覚が総動員される。しかも、どんなに努力しても相手を完全に理解することはできない。それは、人間以外の他の生物を相手にしても同様である。どんなに忠実な犬も、いつも寄り添ってくれる猫も、人間にとっては永遠にわからない存在であるし、だからこそ愛着がわき、働きかけようとする動機が生まれる。機械のようにすべて与えられた情報で動き、操作可能なものだったら、こうしたやり取りは生まれない。

人間にとって、いかなる科学技術を駆使しても、これまでの物語は互いにわかりえないことを前提に作られてきた。それぞれの生物種や同じ種に属する人間どうしでも、コミュニケーションは互いに違うことを条件に発達してきたのである。そもそもすべての個体が全く同じであったら、コミュニケーションをする意味がない。同じ現象に対してそれぞれ違うように反応するからこそ、そこに何らかの合意を作る必要が生じ、共存という状態が作られる。形も生理も違うものどうしが完全にわかりあうことは所詮不可能なのである。しかし、これからの物語は「わかること」への磁力に強く引き付けられていくように見える。機械はすべてを同質に作ることを目指す。これから起こる現象を１００％に近い確率で予想することを目指す。期待値の高さ、つまり予定された成果がビジネスや人間関係にとって重要な要素になる社会が到来している。それはＡＩが活躍し、人間が不確実な、しかし生きた物語を手放す時代でもある。しかし、本当にそれでいいのだろうか。人類の生物としての進化の歴史に立ち返って、もういちど私たちの未来を見つめ返さねばならないのではないか。私はそう思っている。

パティ、おまえってやつは！

パティとの出会い

野生のゴリラの調査を始めて間もないころの話だ。１９８０年に私はルワンダ共和国にある火山国立公園でマウンテンゴリラの調査を始めた。２年前から手掛けていたコンゴ民主共和国のカフジ山でのゴリラ調査が思ったようにはかどらず、当時アメリカ人のダイアン・フォッシーが近くで観察に成功していたマウンテンゴリラに調査対象を移したのだ。欧米の大学や研究所から調査の希望が殺到していた中で、私が認められたのはダイアンの試験に合格したからだ。ケニアのナイロビで初めて会ったダイアンは、私にゴリラの鳴き声を出してみるように注文した。まだゴリラと親しく付き合えていなかった私は、それまでに聞いたゴリラの音声をできるだけ正確に発音しようと努力した。そのひたむきさが受けたのだろう。鳴き声はまだまだという評価だったが、ダイアンは私の調査の目的など何も聞かずに、ヴィルンガにあるカリソケ研究センターに入ることを許可してくれた。

研究センターといったって、標高３０００ｍの山の上に、薪ストーブとベッドがある小さな小屋が6つあるだけで、電気もない。湯を沸かし、掃除をしてくれる男が1人、薪割りと修理をする男が1人、森歩きを手伝ってくれるトラッカーが3人いる。研究者はそれぞれの小屋に一人住まいで自炊、毎日朝から晩までゴリラを観察に行き、晩は観察記録をタイプで打つ。小屋どうしは互いに見えないくらい離れていて、朝夕に湯を運んでもらう以外、人とは会わない。週末はどこかの小屋に集まって夕食をともにしながらゴリラ談議に花を咲かす。みんなゴリラのことで頭がいっぱいなのだ。当時、ダイアンはアメリカのコーネル大学で学位論文の執筆に励んでいたので、私たちは毎月観察記録をまとめてダイアンのもとへ郵送することになっていた。

ダイアンによって人付け（餌を用いずに人に馴らす方法）され、近くで観察が可能なゴリラの集団は3つあった。ベートーベンという老齢のシルバーバック（ゴリラのオスは成熟すると背中の毛が鞍状に白くなるので白銀の背と呼ばれる）が率いる15頭の群れ、ナンキ——という中年のオスが率いる14頭の群れ、ピーナツという比較的若いシルバーバックが率いる6頭の群れである。ほかにまだあまり人に慣れていない20頭前後のスーザ群と、最近ピーナツ群から離れて独り暮らしを始めたタイガーという若いシルバーバックがいた。研究者は私を入れて6人、ケンブリッジ大学、カリフォルニア大学デイビス校、ヤーキス研究所から来ていた。研究テーマはそれぞれ違うが、重複する部分もあるので、みんなが同じ群れに集中するのは避けたい。そこで、私はピーナツ群とタイガーを調査対象にすることにした。

私が彼らに興味を持ったのは、ピーナツ群がゴリラとしては変な構成だったからだ。ピーナツ以外に、少し若いシルバーバックのビツミー、青年オスのシリーとエイハブ、6歳のタイタスというオスたちに混じって、パティという若いメスがいた。ゴリラの群れは単雄複雌群がふつうで、シルバーバック1頭と複数のメスからなる。ピーナツ群はメスが1頭で、オスが複数いる。これは変だ。

ダイアンに聞いてみると、ピーナツ群は近くにいた群れが密猟者に襲われて崩壊した結果できたということだ。その群れのシルバーバックやメスたちが殺されてばらばらになり、ビツミー、タイガー、タイタスというオスだけが残った。そこにピーナツ、シリー、エイハブというオスがどこからか加わって、最後にパティがやってきた。パティがどの群れから来たかはわからない。ゴリラのメスは子どもを産む前に自分の生まれ育った群れを離れるので、パティもそうだろう。7歳ぐらいで、もうすぐ初発情を迎えるはず。そうしたら、オスたちは大混乱に陥るかもしれない。私はそれが見たかった。

タイガーを調査対象に加えたのは、独り暮らしのオスがどうやって自分の群れを作るかを見たかったからだ。いったん群れを離れたオスは、二度と元の群れには戻れないし、他の群れに入ることもできない。群れからメスを誘い出して自分の群れを作るしか繁殖の道はない。オスはその試練をどうやって乗り切るのか。いろんな社会条件で暮らすオスを見て、ゴリラの社会へのオスの関与の仕方を描き出そう。それは私の人生とも絡まって面白いテーマだと思った。

パティは最後に加入したせいか、メスであるためか、いつも控えめでほかのオスの陰に隠れていた。穏やかで理知的な顔をしていて、一つ年下のやんちゃなタイタスとは対照的な性格に見えた。ほかのゴリラを遊びに誘うこともなく、もっぱらタイタスにじゃれかかられて困ったよう顔をして遊びに付き合っていた。私にはパティが思春期を迎えた悩める少女に見えたのである。

パティが発情した

観察を始めて半年ほどたったころ、ビツミーがパティの後をつけまわし始めた。時々、口をすぼめてホロホロホロホロと高い声を出して、パティをじっと見つめる。でも、パティは困ったような様子で、ビツミーを避けるようにして木の陰に隠れる。それを見て、とうとう始まったか、と私は興奮した。

それまで、私はゴリラの交尾を見たことがなかったが、論文を読んでいくらかの知識は得ていた。霊長類のメスは約１カ月の排卵周期の中で、排卵前の数日間にわたって顕著な発情徴候を示す種がある。ニホンザルは顔やお尻が赤くなるし、チンパンジーはお尻がピンク色に腫れ上がる。でも、ゴリラのメスは発情の徴候を示さない。しぐさや態度で交尾が可能なことをオスに知らせ、オスはそれに反応して交尾するのである。だから、いやがるパティを追い回すビツミーを見て、パティは発情しているのかしらと首を傾げた。でも、ビツミーが出す声は明らかに恋鳴きである。ゴリラのペニスや睾丸はとても小さいので外部から確かめられないが、態度からビツミーは発情していることがわかる。霊長類のオスはふつうメスが発情しないと自分だけでは発情できない。パティの発情があったからこそ、ビツミーが発情したに違いない。

そのうち、ビツミーの態度がだんだんと過激になった。逃げ回るパティを追い詰めて手をかけようとする。そのたびに、パティは低くうなって後ずさりをする。しかし、そんなことが数日続いた後、ついにビツミーがパティを捕まえた。すると、パティはビツミーの手をすり抜け、自分からビツミーの腹の下に潜り込んで仰向けに腹を合わせたのだ。ビツミーはホロホロホロと声をあげながら腰を動かす。なんと正常位じゃないか、と私は思わず息をのんだ。これまで、動物園ではゴリラが正常位で交尾することが知られていたが、野生ではめったにない。ビツミーはパティの両足を抱いて腰にはさみ、腰を動かしている。それをすぐ近くでタイタスが興味深そうにのぞき込んでいる。見ると、ほかのゴリラもまわりに集まっている。何か、神聖なことが行われているように、静かに見つめている。

しかし、それは嵐の前の静けさだった。ビツミーが腰の動きを止めると、パティは脱兎のごとくビツミーの腹の下から飛び出した。私はビツミーが射精をしたのだろうと思った。パティは3日間のうち3回交尾に応じ、いずれもビツミーの腹の下に引きずり込まれて交尾をした。その後、パティは交尾に応じなくなったので、私はパティの発情が止まったのだろうと思った。ゴリラのメスが交尾するのは排卵日に当たる2、3日だけだから至極当然のことに見えた。しかし、ビツミーの熱は収まらなかった。ふたたび恋鳴きを始め、パティを付け回し始めたのである。するとパティは、今度は木の陰ではなく、ビツミーより年上のピーナツのほうへ身を寄せ始めた。それまでビツミーとパティの様子に無関心を決め込んで、ひたすら草を食んでいたピーナツも落ち着いてはいられなくなった。何しろ、近くに寄ってきたパティに、ビツミーが甲高い声をあげて迫ってくる。しかも、時折ビツミーは立ち上がって両手で交互に胸を叩く。このドラミングという行為は自己主張であって、決して戦いの宣言ではないが、ピーナツにとって近くでドラミングをされたらたまらない。それがパティに対する自己主張だとわかっていても、自分に対する挑戦のように見えてしまう。

ピーナツはビツミーを避けて、低くうなりながら後ろを向いたり、採食場所を移ったりしていたが、だんだんパティがピーナツの背後に隠れるようになった。こうなったら、ビツミーも正面からピーナツに向かい合わざるを得ない。ビツミーが胸を叩くと、すぐにピーナツが胸を叩くようになった。両者が近くでにらみ合い、まわりで見ているシリー、エイハブ、タイタスも低くうなりながら心配そうに見つめるようになった。そして、初めて交尾が見られて20日後、胸を叩こうと立ち上がったピーナツに突然ビツミーがとびかかったのである。両者が組み合って、互いに相手の頭や肩を咬み合う。すると間髪入れずに、シリー、エイハブ、タイタスが金切り声を上げながら両者に飛びかかった。5頭のゴリラはもつれながら斜面を転がり落ちる。私が駆け付けると、3mぐらい離れ合って、ピーナツとビツミーがゼイゼイと息をつきながら座っている。見ると、頭、肩、胸、腕に切り傷があって、血が流れている。2頭の間にはタイタスがいて、ピーナツのほうを見つめている。パティはと言えば、少し離れてのんきに草を食べている。

続く数日間、ピーナツとビツミーの戦いが繰り広げられた。2頭が組み合うたびに他の3頭の若いゴリラたちが悲鳴を上げて飛びつき、頭を叩き、背中の毛を引っ張って必死に両者を分けた。しかし、パティだけはこの争いに加わらなかった。この壮絶な戦いは彼女のせいなのに、メスというのはこういうもんなのだな、と私は思ったものだ。やがて戦いも収まり、ビツミーもパティを執拗に追い回さなくなった。10mぐらい離れて恋鳴きをすることがあったが、すぐにやめて採食に向かい、それ以上パティに近づかなかった。しかし、またパティの発情が始まったら戦いが再開するだろう。今度はピーナツとビツミーの間に決定的な不和が生じるかもしれない。私はそれを確かめたかったが、ちょうどいったん日本へ帰国することになっていたので、調査を中止し、キャンプのみんなにパティの発情が収まったことを告げて山を下りた。

ウソだろう!

帰国して、私はすぐにある科学雑誌に頼まれ、マウンテンゴリラの観察結果を報告した。日本人研究者によるマウンテンゴリラの調査は1960年以来途絶えていたので、新しい発見がたくさんあったのだ。なかでもゴリラの交尾はまれにしか見られないので、私は大いに興奮してその観察記録を公開した。初発情のパティがオスに付け回されて、正常位で交尾をしたこと。その様子がちょっとレイプまがいのものに見えたこと。周囲のオス、とくに若いタイタスが興味深そうにそれを見つめていたこと。パティの態度がとうとうシルバーバックどうしの激しい戦いを引き起こしたこと、などである。写真もいくつか掲載した。

私が帰国したのは、日本学術振興会の特別研究員の任期が切れ、それまで勤めていたケニアのナイロビにあるアフリカセンターの任務が完了したからである。ここには2年間勤め、その間は滞在費が出ていたので暮らしに困ることはなく、特別研究員の給与を日本で貯金してもらっていた。その貯金を使って今度は自費でルワンダに行き、カリソケ研究センターでマウンテンゴリラの調査を続行しようと思ったのである。ところが、日本にいた2カ月の間、調査のまとめをするかたわら毎晩飲み屋に通い、後輩たちにおごり続けた結果、貯めていた資金が底をついてしまった。しかし、調査を断念するわけにはいかない。残り少ない金をかき集めてカリソケに直行し、調査を始めた。ちょうど雨期で毎日冷たい雨が降る。湿った服を乾かすのにストーブをたかなければならないが、薪を買う金がない。やむなく食費を減らし、湿った服を着たままベッドに入って体温で乾かした。太陽が出たときがチャンスなので、洗いたての服を持ち歩いて、ゴリラの観察中に日が照ると乾かすことにした。そんな様子が伝わったのか、アメリカにいるダイアンからカリソケの臨時所長をやれという連絡が届いた。カリソケにいた研究者たちも夏の学会に備えて自国に帰るという。食費も薪代もただになるし、多少給料も出る。渡りに船とばかりに飛びついた。夢を追っていれば、何とかなるものである。

再会したピーナツ群は落ち着いた雰囲気だった。ビツミーはもうパティを付け回すこともなく、時折じっとパティを見つめることはあったが恋鳴きはしなかった。あれ、と私は思った。パティの発情は止まってしまったんだろうか。今度はいつ熱くなるのだろう。そう思って、私はパティの態度が変わるのを待ち続けた。

そんなある日、パティが陽だまりの中で寝そべっているのを見て私は近づいた。他のゴリラと違って、パティはまだ少し人間を警戒していたので、それまで私はパティを間近で見たことがなかったのだ。見るとパティは仰向けになって寝そべっている。この際だから、メスの股間を覗いてやろうか、と私は思った。陰部が小さく、厚い毛におおわれているマウンテンゴリラの生殖器はなかなか外から観察する機会がないのだ。

パティの股間にうごめくものを見て、私は思わず目を見張った。ちょっと待てよ、これってひょっとして、と思ったからだ。目を凝らすと、はっきり見えた。親指ほどの小さな肉棒が動いている。そう、それはペニスだったのだ。思わず、私は「ウソだろう！」と叫んだ。

私の頭は真っ白になった。パティがオスだったなんて。じゃあ、これまで私が見てきたものは一体何だったんだ。パティの発情は？ ビツミーとの交尾は？ パティをめぐるピーナツとビツミーの戦いは？ パティがオスだとすれば、それらはすべて雌雄の交渉という文脈では語れなくなる。しかも私は科学雑誌に、初発情のパティをめぐるオスの戦いとして大々的に記事を掲載してしまっているのだ。大失敗である。何とかしなくてはいけない。

すぐに私はダイアンに電報を打った。ダイアンは国際霊長類学会で発表する準備をしていたから、パティをメスとして発表するかもしれない。何としてもそれを避けなければならないので、わざわざ山を下りて知らせたのだ。しばらくして、ダイアンから返事が来た。彼女も驚いていたが、いまさらパティという名を大きく変えられない。じゃあ、パトリックと呼ぼうかという提案だった。

私にとってパティはずっとメスとして付き合ってきたゴリラだった。その印象をすぐにぬぐい切ることはできないが、新しい目で見てみるとたしかにオスらしい特徴もいくつか認められた。8歳になったパティはメスならば乳首が膨らんでくる年ごろである。ところがパティの胸にその兆候は見られず、かわりに筋肉が張り始めている。近いうちに、シリーやエイハブのように胸の毛が落ちて、たくましい筋肉が露わになるはずだ。口元も犬歯が発達してきて、少し突出しているように見える。これもメスとは違う特徴だ。私は自分に何度も言い聞かせながら、パティをオスとして見直そうとしていた。

しかし、そのうち私はパティに注目してはいられなくなった。オスたちが全員熱くなり始めたのである。今度はタイタスとピーナツという組み合わせだった。しかも、求愛するビッミーを避け続けたパティと違って、タイタスは積極的にピーナツを誘った。草を食べているピーナツに近づいてその顔を覗き込み、時折コロコロコロと可愛らしく鳴いてお尻を向けるのである。ピーナツは自分からタイタスに迫ることはなく、最初はきまり悪そうにそっぽを向いていた。しかし、タイタスの度重なる求愛に負け、ついに両手を開いてタイタスを迎え入れる態度を取った。すかさずタイタスはピーナツの腹に尻をつけ、ピーナツは腰を動かしたのである。パティとビツミーの時と同じく、これはまさしく交尾の姿勢だった。

それから、大変なことが起こった。ほかのオスたちが一斉に交尾のような行為を始めたのである。シリーはビツミーに求愛し、エイハブとタイタスはお互いに求愛し合ってもつれあい、パティまでタイタスと交尾ごっこを始めた。射精もピーナツとビツミーで見られた。下になったゴリラのお尻に精液がついているのを確認したからである。いったいこれはどうなっているのか、私は目を疑った。まさにオスどうしの相姦図である。メスの存在なしに、オスがこれほど性的に熱中できるものだろうか。

私はそれまで霊長類のオスはメスが発情しないと性的に高まることができないと思っていた。人間は別だ。人間は頭の中で勝手な虚構を作って熱くなる。ホモセクシュアルな交渉は人間の社会に広く見られるし、木の股だって、テーブルの脚にだって男たちは発情する。しかし、言葉を持たないゴリラが人間のように想像で発情するだろうか。私の頭は混乱した。とにかく今はゴリラの行動をできるだけ多く記録することだ。そう思って私は休む間を惜しんで山に登り、ピーナツ群を見に行った。ときにはピーナツたちが遠くへ行ってしまって、会うまでに片道5時間もかかることがあった。それでも毎日彼らの様子を見ないと私の気持ちは収まらなかった。カリソケを去るまでの10カ月ほどの間に、私は100例近いオスどうしの性交渉を記録した。

ゴリラから学んだこと

私がカリソケを去る前に、ピーナツ群に新しいオスが加入した。タイタスと同じぐらいの歳で、やはりオスだった。ピーナツ群が遠くにいたので、なかなか見つけることができず、このオスがどこからやってきたのか確かめることはできなかった。でも、ピーナツ群が他の群れと衝突した跡があり、現場には血の付いた毛が散らばっていた。しかも、ピーナツの腹には大きな傷があり、歩くのが苦しそうだった。明らかに、このオスの去就をめぐって二つの群れの間に争いがあったのだ。私はこのオスにハタリというスワヒリ語で「危険」の意を表す名前を付けた。メスの加入と同じように、ゴリラのオスたちは若いオスの加入をめぐっても激しく争うのである。

帰国してから、私は自分がカリソケで見たことをじっくり考えてみた。パティをメスと間違えていたけれど、これまでに報告されていないオスの世界を垣間見ることができたのだ。それを何とかして理解したいと思った。それには、ゴリラだけでなく、他の霊長類や哺乳類、そして人間の性交渉を詳しく調べる必要があった。帰国してすぐ私は日本モンキーセンターのリサーチフェローに採用され、研究だけでなく、博物館や動物園の業務に忙しい毎日を送っていたので、ゴリラのオスの生活史をまとめ上げて学位論文にするには3年かかった。課程博士の年限を過ぎていたので、私はすでに国際学術誌に掲載された2本の論文を提出して論文博士の学位を得た。

今、それらの日々を振りかえって見ると、私にはそれがこの上なく貴重な経験だったと思えてならない。飲み屋で資金を使い果たし、カリソケに戻らなかったら、パティがオスであることに気がつかなかっただろう。科学雑誌に間違った記事を書いたことは大失敗だったが、その後に起こったゴリラのオスどうしのホモセクシュアルな交渉をたくさん観察できた結果、彼らの社会を根本から考え直すことができた。失敗にくじけず、それをさらなる新しい好奇心と動機に転じて、夢を追い続けることができた日々は、私にとって何と幸福な時代だったのだろうと思う。それは今も私の財産になっている。世界のだれにも負けないほど、ゴリラに密着し、彼らの野生の世界を体験したという自信もある。何しろ、私の師匠のダイアン・フォッシーが見間違えていたパティの本当の性を確かめたのだから。

さて、ピーナツ群のホモセクシュアル行動に関する私の解釈を少し述べておこう。ゴリラやチンパンジーなどの大型類人猿は、幼児期から性的交渉に関心を持つ。それを遊びの中で繰り広げるのだが、成長するに従い、それぞれの種の特性に染まっていく。乱交的な性交渉をするチンパンジーやボノボは年上の異性と性交渉をするようになり、とくにボノボは同性間の性的交渉を親和的な交渉に用いるようになる。体格の差による優劣を社会交渉にあまり反映させないゴリラは、遊びの中に性的な交渉を温存させ、成長しても遊びから性交渉に発展することがある。実は、遊びも性交渉も互いに対等な関係を作る必要がある。おとなになるとそれができなくなるので、遊びは少なくなる。チンパンジーもボノボも発情するとメスの陰部が腫脹するので、オスもすぐに性の文脈に切り替えることができるが、発情徴候がはっきりしないゴリラは難しい。そこで、ゴリラではメスの性的な誘いがオスに発情を引き起こすようにできている。これが遊びの中で温存されてきた行為と重複することによって、オス間にホモセクシュアルな交渉が起きたのではないかと考えられるのだ。

人間の子どもも性的なことに興味を持つ。誰でも小さいころに「お医者さんごっこ」をしたことがあるはずだ。それが相手の性を選ばずに起こることもゴリラの子どもと似ている。遊びの中にそれが温存されることもゴリラと同じだ。しかし、人間は成長過程で共感力を大いに発揮し、ゴリラとは違う社会関係を構築している。人間の性交渉も発情ではなく、恋愛という不思議な気持ちのふれあいによって起こる。ただ、人間の場合も発情徴候がはっきりしないので、チンパンジーよりもゴリラと似た発現の仕方をするのではないか、と私は思う。

調べてみたら、人間以外に多くの哺乳類でホモセクシュアル交渉が見られることがわかった。オスどうしの性的交渉は、アジアに生息するベニガオザルがよく行うし、イルカやクジラにも見られている。一見、子孫を残すことにつながらないように見える行動も、そのつながりをたどれば社会の安定に寄与し、仲間の共存を支えて変化に強い強靭な社会を創ることになっているのかもしれない。私がゴリラから学んだことは、決して短期の観察でその社会を理解したように思いこんではいけないということ、それに一頭一頭のゴリラはみな性格が違っていて、類として一緒に考えてはいけないということである。そして、社会の本質は実は全体像ではなく、特殊な事例から明らかになるということだ。人間の社会も膨大な特殊な事例が積み重なってできている。それが歴史であり、私たちは過去の事例から多くを学び、それを現代に未来に生かそうとする。ゴリラにも歴史があると考えたほうがいい。世界はたえまなく動いている。その動きに的確に反応するために、過去の特殊な事例が顔を出すのが生物の世界なのだ。

私の人生もそうだ。過去の失敗はこの揺れ動く世界のどこかにつながっている。それを生きる勇気と楽しさにつなげることが人生の意味ではないかと私は思う。

社会の由来とこころの進化

こころと同じく、社会も目に見えないものである。こころが個人に属するのに対し、社会は集団に属するという違いがあるが、こころと社会は切っても切れないつながりがある。こころは社会によってつくられるし、社会はこころを映し出す鏡だからである。だからこそ、ダーウィンは人類の進化について考えたときに、道徳という人間独自のこころの働きを問題にした。なぜ人間は自分の命を犠牲にしてまで他人を助けようとするのか。しかも、自分とは血のつながりもなく、顔見知りですらない全くの他人に利するように、多くの労力を割こうとするのはなぜなのか。この道徳を抜きにしては人間の社会は成り立たない。人類の進化も動物と同じように、同種の仲間と限られた資源を争い、自己の繁殖成功を導こうとする傾向によって進むと考えたダーウィンにとって、道徳は最後まで頭を悩ませた人間の社会性であった。この小論では、このダーウィンの問いを基点にして、社会というものを学問として考え始めた時代にもどってこころとの関係を考えてみたい。

オーギュスト・コントの社会学

ダーウィン以前の社会学は、人類がどこから来てどこへ行くのかという問いからなる歴史哲学であり、社会現象の全体的関連の包括的研究であった〔清水、1978〕。ダーウィンと同じく、他人を助けたいという感情と社会の関連について考察を加えたのは、18世紀に生きたジャン・ジャック・ルソーである。『人間不平等起源論』（1754年）、『社会契約論』（1761年）、『エミール』（1761年）を立て続けに出版したルソーは、自己愛と憐憫《れんびん》の情によって特徴づけられ、他者からの影響によって生じる虚栄心や自尊心をもたない、自由で独立した存在としての自然人を原初的な人間と想定した。自分と他者とを比較して自尊心に侵されるのをできるだけ排し、自己愛の確立によって、自己の真の欲望を実現する総合として一般意志が生まれる。その一般意志を個人の自由と万人の平等を保障するものとして自然法が成立すると考えたのである。彼は憐憫の情こそが自然の秩序により最初に人間のこころを動かす感情であり、それは他人の不幸を自分も免れていないと思う場合だけであるとした。しかし、個人の自由を最大化したところに成立するのは全体主義的な国家権力であり、ルソーの啓蒙思想はフランス革命によって試され，その矛盾を露呈することになる。

ルソーの思想の実現を掲げたロベスピエールは、多くの人々をギロチンにかけて処刑したのち、1794年に自らの作った草月法に従ってギロチンにかけられた。このテルミドールの反動によってフランス革命は終末を迎えたが、以後フランスは国内外の戦争に巻き込まれていく。1799年これらの戦いを勝利に導いたナポレオンが権力を握り、革命によって土地や利益を得た人々の支持によって新しい統合を創り出していく。オーギュスト・コントが生まれたのは、この1年前の1798年であった。その後、王政復古と革命の時代がめまぐるしく続き、戦争によって多くの死者が出た。コントはこの激動の時代を生き、天才的な数学者、実証的哲学の創始者、社会学の創始者として名を知られ、最後は奇妙な人類教の創始者として59歳の生涯を閉じた。彼が試みたのは、革命と戦争によって荒れ果てた社会にどのようにして信頼に足る新しい秩序を作り上げることができるか、ということだった。それはやがて、社会学の問いとして、ダーウィン以後の思想的背景となっていくのである。

コントは、どんな社会にしろ、そのメンバーが思想を共有しなければ存立することはできず、社会を組織するのに必要な観念は歴史的に発展してきたと考えた。そして、それを神学的段階、形而上学的段階、実証的段階に分類し、現代は事実によって暗示ないしは確認されたもの、すなわち科学が増える最後の段階にあるとした。科学の難易を決定するものとして、現象が複雑であるか、他の現象への依存度が高いか、特殊的であるか、人間との関係が直接的であるかを挙げ、順に天体現象、力学的現象、化学的現象、植物学的現象、動物学的現象、社会的現象という階層があると見なした。社会学とは、社会現象を天体の現象や物理現象を観察するのと同じ態度で観察し、その法則を発見することにある。ただし、複雑な現象をより単純な現象に還元することはできないから、他の諸科学の方法を社会学には適用できない。

無機物は部分から研究できるが、有機物は全体から研究を始めなければならない。そのため、社会現象の観察に不可欠なのは、全体、連帯、継続といった観念であり、そこに部分と全体をつなぐ交感関係を俯瞰することだと述べている。

コントは『実証哲学講義』（1830－42年）、『実証政治学体系』（1851－54年）という二つの著作のなかで、「人間性」とは人間存在の容易に動かすことのできない性質、すなわち「人間的自然」であり、それを知るためには集団的な人間存在の全体を、思考、感情、行為という3つの局面に関わって考慮しなければならないとしている。また、社会学が目指すものは、コミュニティ(ゲマインシャフト)と道徳であり、1848年の2月革命、「共産党宣言」、ナポレオン以後のコミュニティについて理想を述べている。それは、武力ないしは暴力によって強制的に統一された人々の集団ではなく、打算的な契約当事者間の人間関係によって成り立つものでもない。感情的な結合を含む全人間的な結合、すなわち道徳的集団であり、それを達成するためには私有財産制度を守りながら、市場機構に道徳的見地から規制を加える必要があると考えた。コントの思想を分析した清水幾太郎（1978年）は、コントのコミュニティの理想的なモデルは家族であり、ひとつの宗教によって結ばれた中世であったとしている。そして、やがてコントはその理想を求めて新しい宗教の創設を志し、人類教の教祖となっていくのである。この宗教は現在もフランスと、遠く離れたブラジルでささやかな活動を続けている。

社会学と進化論

コントの思想を長々と書いたのは、その後の人間と社会に対する考え方に大きな影響を与えたと思われるからである。チャールズ・ダーウィンは、『種の起原』（1859年）ですべての生物は祖先種から分岐して進化してきたこと、進化を促進する要因は有限の資源をめぐる競合が個体間に起き（自然淘汰）、子孫の数に違いが生じることだと主張した。そして、『人間の由来』（1871年）で異性をめぐる同性間の競合や配偶相手の選択（性淘汰）も進化を促進すること、人間も進化の例外ではないことを述べて大きな議論を巻き起こした。しかし一方でダーウィンは、人間と下等動物とを分ける最も重要な違いは、道徳観念または良心の存在だと述べている。そして、社会本能、心的能力（記憶）、言語が道徳観念を発達させたというのである。ここにはコントと同じ考え方が流れているように私は思う。

ダーウィンは、人間が身を危険にさらして他人を助ける行動がどのようにして生まれたのか、に強い関心を寄せた。社会の統合に必要とされる「最大幸福の原理」は二次的指針であり、共感をも含めた社会的本能が常に第一の衝動であり指針であるはず、と彼は考えた。共感の基礎は、私たちが以前に感じた苦痛や快楽を長く覚えていられることに根ざしており、良心とは過去の行為を振り返り、それを裁くことである。社会本能は、よりたくさんの子孫を残そうとする集団の善のために獲得されたもので、人間はそもそものはじめから自分の仲間を助けたいという気持ちや、ある種の共感の感情をもっていた。この社会本能が、活発な知的能力の助けと習慣の影響を受ければ、ごく自然に「汝が他人にしてもらいたいことを、汝も他人に対してなせ」という黄金律に導くことになる、というのである。そして、他者からの影響によって生じる虚栄心や自尊心をもたないことを自然人の条件としたルソーと異なり、ダーウィンは仲間からの称賛と非難が道徳を育てた最大の要因と見なした。道徳感情や良心の最初の起源は社会本能にあり、それは仲間からの称賛によって大きく左右され、理性、自己利益、のちには深い宗教的感情によって導かれ、教育や習慣によって強められたものがすべて合わさってつくり上げられた、と考えたのである。

ハーバート・スペンサーは、『社会学原理』（1876年）のなかでコントを評価するとともに、いち早くダーウィンの進化論の考え方を取り入れて、社会を有機体のようなシステムと見なした。アルフレッド・エスピナスも、『動物社会学』（1877年）の序文で、コントの独創性は道徳と科学という他の学問体系では通常切り離されている二つの要素を組み合わせたことにあると述べている。エスピナスは社会の展開を生物の一生の展開とのアナロジーとしてとらえ、生物学を基盤とする社会学の構築を目指し、とくに動物の道徳性についての研究を奨励した。社会の機能的な側面を重視し、社会を生み出すものは空間的な共同性ではなく、機能的な共同性であると見なしている（白鳥、2003）。『社会分業論』（1893年）を著したエミール・デュルケームもコントを評価し、社会学の役割を諸個人の統合を促す道徳（規範）の解明と見なした。彼はエスピナスを引用して、社会は有機体であるとしても、本質的に意識から成るという点で純粋に物理的な有機体とは区別されるとし、実証科学としての社会学を目指した。彼が言う「社会的事実」とは個人の外にあって、個人の考え方や行動を拘束する社会に共有された思考や行動様式である。こうした集合表象を研究の対象とする考え方はその後、社会学の底流となり、20世紀の思想に大きな影響を与えた。

振り返ってみると、コントに発した人間社会を形作る道徳という規範の探求は、社会の成り立ちに関心をもつ多くの思想家たちに引き継がれてきた。ダーウィンはそこに進化という動物と人間とをつなぐ生物学的変化の歴史を組みいれたが、多くの学者は社会の組織的、機能的な特徴に注目するようになった。そして、コントの警告に反して、動物学の分野では生命現象を化学や物理学の法則に当てはめて解釈する還元主義的な考え方が盛んになり、人間社会の研究では自然科学から離れて、個人を超越した集団の慣習や儀礼のなかに根本的な社会関係を探り当てようという試みが支配的になった。スペンサーらが提唱した「社会進化論」は人間の文化や社会に生物学を安易に適用する方法として批判され、文化人類学者や社会人類学者の生物学への関心は急速に途絶えた。動物学者も人間を研究対象にすることを止め、人間の探求は人文科学、人間以外の生物の研究は自然科学という暗黙の了解ができていったのである。

動物社会学と社会生物学

こうして二つの学問領域が離れていく中で、20世紀には動物学の分野から社会を再考する新しい考え方が生まれた。

今西錦司は第二次世界大戦開始直後に『生物の世界』(1941)を著し、独自の生物社会論を展開した。環境とはその生物が認識し、同化した世界(環境の主体化)であり、生物は身体の中に環境を担い込んでいる(主体の環境化)というのである。これはドイツの生物学者ヤコブ・フォン・ユクスキュルの、動物たちは、まわりの環境の中から自分にとって意味のあるものを認識し、その意味のあるもので自分たちの世界(環世界)を構築している、という考え方とよく似ている。今西はさらに、同種の個体はそれぞれに自分の「生活の場」を知っているとして、これをプロト・アイデンティティ(原帰属性)と名付けた。生活の場とは生態学の用語であるニッチ(生態学的地位)に近いが、物理的な環境ではなく、生物自身の延長であるという。ダーウィンと違って今西は、この生活の場が生物の個体間に起こる資源をめぐる競合の産物ではなく、それぞれの個体が共存するために分散した結果だと考え、これを「棲み分け」と呼んだ。そして進化とは種社会の棲み分けの密度化であり、進化の過程において、生物はみずからその生活の場を拡大するような方向へと進んだと考えた。個体ではなく種を、また生活の場という環境をも含んだ時間的・空間的な広がりを変化の単位とし、還元的な分析手法をなるべく避けて社会を考えようとしたのである。

戦争中に蒙古にいて野生の馬に魅了された今西は、戦後の廃墟の中で人間社会の起源を探ることを目的とした動物社会学を創始する。現代の人間の社会からその原初形態に遡るのではなく、動物の社会からどう人間の社会が立ち上がって来たかを考えようとしたのである。これは、すべての生物は社会をもつと考えていた今西にとって当然の課題だった。宮崎県の都井岬で半野生馬の研究を始めた彼は、一頭一頭の馬を個体識別して名前を与え、それぞれの馬の間に起こる社会交渉を記録した。動物を無名のもの、類として記述せず、たがいに個性をもつ社会的存在であると想定したのである。やがて研究対象は馬からニホンザル、ゴリラ、チンパンジーなどの類人猿へと移っていくが、基本的な研究方法は変わっていない。今西は、①個体識別、②長期連続観察、③比較社会学、をフィールドワークのガイドラインとし、川村俊蔵、伊谷純一郎、河合雅雄らがさまざまな霊長類を対象にフィールドワークを展開した。

伊谷純一郎は最初の著作『高崎山のサル』(1954年)で、ニホンザル社会の姿をサルの側に立って描いてみせた。サルどうしの社会交渉を個体名で追跡することで、サルどうしの社会関係を明らかにし、そこに個体の外にある社会制度のようなもの(伊谷は規矩《きく》と呼んだ)を導きだそうとしたのである。それが、順位制、血縁制、リーダー制だった。伊谷たちはサルたちのこころを描写することを避け、社会的知覚力を通してサルたちが共通に感知している社会関係を明らかにすることで、動物と人間の社会の橋渡しをしたのである。『霊長類の社会構造』（1972年）と『霊長類社会の進化』（1987年）で、伊谷は霊長類の社会構造と社会性の進化について論じている。霊長類は6500万年前に夜行性の単独生活をする樹上性の哺乳類として登場した。やがてオスとメス一対のペアができ、昼行性になって地上にも下り、より大きな集団生活を営むようになる。それが、インセストの回避機構を基本原理として、オスだけが集団間を渡り歩く母系と、メスだけが集団間を渡り歩く父系という、継承性のある集団構造へと収斂していく。伊谷はこの社会構造の進化に沿って、社会に内在する規矩も進化したと考えた。なわばりをもって対置し合う単独生活の絶対対等の社会、ペアでなわばりをもつ原初的平等の社会、優劣の順位によって資源への優先権を決める先験的不平等の社会、相手や状況によって不平等を表面化しない条件的平等の社会である。最後の条件的平等を伊谷は、食物を分配し、社会的遊びの得意な、父系の類人猿社会に見出した。むろん、その延長線上に人間の社会もある。原初人間は平等だったとするルソーの『人間不平等起原論』とは逆に、人間は先験的な不平等を乗りこえて平等を志向する社会を構築したとする「人間平等起源論」を伊谷は提唱した（伊谷、1986）。

これに対して、欧米の動物学者の関心はそれぞれの種に固有な形態や行動を見つけ、それが形成されるにいたった環境との相互作用を導き出すことにあった。霊長類の行動観察は動物園や研究所の飼育下で行われていたが、もっぱら知能や性格を分析する心理学的研究の対象だった。これは欧米に人間以外の霊長類が生息していなかったことが原因である。しかし、日本から10年遅れて1960年代にアジア、アフリカ、中南米の熱帯雨林とその周辺で野生霊長類のフィールドワークが始まった後も、その研究手法は日本とは違っていた。日本の霊長類学者は、進化の単位は種であり、同種の個体に共通した社会関係の知覚、すなわち規矩が変わることが社会の進化と考えた。それに対して欧米の霊長類学者は、進化の単位は個体であり、それぞれの個体の行動が淘汰を受けて繁殖上の差を生み出し、種全体の行動様式が変わっていくと考えた。日本の霊長類学者が個体の行動を制御する社会の力学にこだわったのに対し、欧米の霊長類学者は行動に影響を与える要因に主たる関心を向けたのである。

そのうち、個体の形質を子孫へつなぐ遺伝子がDNAであることがわかり、進化の単位は個体ではなく遺伝子であることが明らかになった。ウィリアム・ハミルトンは、自己の不利になる行動も遺伝子を多く共有する近親者に利益があれば淘汰で残るという「血縁選択説」を出して、ダーウィンの立てた利他的行動の進化にひとつの明確な解を与えた。エドワード・ウィルソンは『社会生物学』（1975年）を著して、すべての動物の社会行動の生物学的基礎について体系的に研究することを提唱した。彼は、生物の第一義的役割は新たに生物を再生産することではなく、単に遺伝子群を再生産し、それらの遺伝子群の一時的担い手となることだ、と言いきっている。ウィルソンは動物の社会を、サンゴやコケムシなどの群体性無脊椎動物、アリやハチなどの社会性昆虫、脊椎動物の群れに分け、人間の社会はなかでも高度な知性、記憶力、協調性、社会的契約などによって特徴づけられるとした。協調的な相互コミュニケーションがあることが社会を規定する必須の基準であり、個体群〔ポピュレーション〕は遺伝的連続性によって定義される。以後、動物の社会の区分は、同種の仲間とコミュニケーションを取りうる範囲と規定され、欧米の霊長類学はその社会を形作る生態学的要因の探求へと向かうことになる。

1980年代と90年代は、「なぜ、霊長類は群れをつくるのか？」という課題をさまざまな種を対象にフィールドワークによって調べ、解を求めた時代だった。群がることによって得る利益は、繁殖への投資のしかたが異なるメスとオスでは違う。長い妊娠と子育てを経験するメスは安全で豊かな食生活が重要だし、身軽で行動範囲の広いオスは多くのメスと交尾機会を得ることが重要になる。そのため、食物資源の質や分布の型はまずメスの群がり方を決め、そのメスの集合性によってオスの動きが左右される〔Wrangham, 1980〕。さらに、捕食圧は群がる価値を高め、オスによる子殺しや性的強制はメスが特定のオスを保護者として選ぶ傾向を強める〔van Schaik, 1989; Sterck et al., 1997〕。人間の社会も、従来考えられてきたような狩猟者として協力や分業を高めてきたのではなく、森林から草原へ出たときに直面した高い捕食圧によって鍛えられた結果であるという考え方が登場した〔ハート・サスマン、2007〕。人類は自然を征服した英雄ではなく、つい最近まで他の動物たちの脅威に怯え、独特のコミュニケーションと変わった集団生活によって巧みに生き抜いてきた弱者だったということになる。私もほぼ、この考えに賛成である。

では、いったいどんな背景が道徳を内包する人間に独特な社会性を育てたのだろうか。それはどういった人間のコミュニケーションによって可能になったのだろうか。

生態学と社会学からこころを見る

ダーウィンの立てた道徳の進化という問いは、人間以外の霊長類でも調べられた。動物園でも野生の生息地でも、霊長類が自分の危険も顧みずに他者のためにつくすという行動が観察された。たとえば、アメリカのブルックフィールド動物園では、ビンティというメスゴリラが放飼場に落ちた人間の子どもをやさしく助け上げて、飼育員のいる入口まで運んだ〔Preston & de Waal, 2002〕。タイの森林に生息するチンパンジーは、仲間の傷口をなめて毛づくろいしてやりながら痛みを和らげている可能性がある〔Boesch, 1992〕。こうした行為は、他者の苦境を理解して助けの手を差し出す（向社会性）とともに、他者の置かれた状況に同情していると言えるのだろうか。これまでの研究では、サルと類人猿の間、類人猿と人間の間に大きな違いがあるようだ〔Silk, 2007〕。サルたちには他者の置かれている状況を理解する能力が低く、危険に直面している他者を助けるのは近親者に限られる傾向がある。類人猿はけんかが起こったとき、第三者が介入して仲裁したり、けんかで傷ついた仲間をなぐさめることがある。向社会性があるとは言えるが、仲間に同情しているとまでは言えない。それは、人間にはどの社会にも普遍的に見られる模倣や教育といった行動が、類人猿にはほとんど見られないことからも示唆される。他者に同情し、助けようというこころが生じるためには、他者の状況を自分に置き換え、自分の行為によって他者の苦境が打開できることを予測しなければならないからである。類人猿と人間の利他的行為にはまだ大きな溝があると言わねばならないようだ。

私は、人間の社会に特有な特徴は、互酬《ごしゅう》的、向《こう》社会的であることと、集団への強い帰属意識だと考えている〔山極，2007〕。人間以外の霊長類は、一度自分の集団を離れるとなかなかもとの集団へは戻れない。他の集団へ加入すると、もとの集団への帰属意識は消失する。ところが人間は、軽々と集団を渡り歩き、どこの集団に属しても自分の出自集団へのアイデンティティを失わない。むしろ、自分の出自を失わないからこそ、集団間を渡り歩けると言ったほうがいいのかもしれない。それは、複数の家族を含む共同体を作ることによって可能になった。人間の家族は繁殖の単位として閉じられているが、経済的な共同生活においては外に開かれている。だから人間はいつでも家族を離れて別の集団を組むことができるのだ。家族が開かれることによって、霊長類では近親間に限定されていた共感や同情をともなう利他的行為が共同体全体に拡大されることになった。だから人間は、近親者以外の間でもたやすく模倣や教育ができ、親子のような緊密な信頼関係を構築することができるのである。

最近、人間に特有なコミュニケーションや社会性を「ニッチ構築」という概念で解釈する説が登場した〔オドリン＝スミー他，2007〕。ニッチ構築とは、生物自らの代謝、行動、選好などによって自分たちのニッチを改変するプロセスのことで、進化動態にフィードバックを持ち込む強力な進化エージェントと考えられている。また、そうして修正を加えられた淘汰圧が外的環境を通じて継承されることを生態的継承と呼ぶ。何世代にもわたって局所環境に繰り返し網を張る蜘蛛や、カッコウの託卵、ビーバーのダム建築などがその好例である。人間にも、牛を家畜化することによって、牛乳を消化するのに必要なラクターゼという酵素を生成する機能が発達したという例がある。家畜化という文化的な働きかけが遺伝進化の原因になったわけで、人間の文化活動には道具使用、武器、火、調理、シンボル、言語、社会制度など、自然選択の供給源に変更を加え、大脳化などの遺伝的進化に影響を及ぼしてきたと考えられるのだ。従来のように、環境圧が人間の行動に一方的に修正を加えてきたのではなく、人間と環境との双方的な働き合いの結果、慣習や制度が生まれたと見なす。これは人間に特有な現象ではなく、高い技術や知能を必要とはしないというのである。

ニッチ構築と生態的継承という考えを取り入れると、人間の社会に道徳が現れたのは食の共有と性の隠蔽を繰り返し続けた結果、ということになると私は思う。人類の祖先が森林から草原へ進出した頃、彼らは森林の中では経験したことのない新たな課題に直面した。それは、広く分散した食物資源と強力な捕食者だった。この課題を解決するには二つの相異なる対策が必要となる。分散した食物を採食するためには小集団にわかれて広く歩き回ることが、捕食者に対しては大きな集団で防衛体制を固めることが要求される。人類の祖先はその解決策として、複数の家族を含む地域集団を編成するようになったに違いない。家族を繁殖の単位にしつつ、家族の境界を越えて人が行き来するために、性を家族内に隠蔽し、食をより広く共有することで集団への帰属意識を高めたのである。人間以外の霊長類の社会では、性を隠蔽することはないし、食物を共有することもない。類人猿だけがまれに食物を分配することがある。人間は彼らと全く正反対のことを始めたのだ。それは近親間に限定されていた共感や同情といった感情の働きを家族の外へ広げることになった。その結果、互酬制が共同体全体に行き渡り、道徳的な行為が称賛され、内面化されて人間のこころを特徴づけるようになったのである。

道徳の内面化の過程で大きな役割を果たしたのは音楽だと私は思う。音楽は言葉以前に人間が発明した独特なコミュニケーションで、直立二足歩行をするようになって発声様式が変わり、踊ることのできる身体性を獲得したことが音楽によって他者と同調することを可能にしたという説がある〔ミズン、2006〕。音楽は他者との境界をなくし、人々を一体化させて連帯感を増す効果がある。コミュニケーションが社会の境界を決めるとすれば、まさに音楽は人間が作りだしたニッチであり、それが継承されていくことによって、新たな社会が生まれたことを意味している。音楽は育児とも密接な関係がある。危険な捕食者のいる環境で、育児を共同で行う際に、子守唄として子どもと母親以外のおとなとの親密度を高めることに使われたというのだ。音楽によって人間は、多産で成長の遅い子どもを育てる社会を作ることができたのかもしれない。

音楽によって変化した社会のニッチは、その後話し言葉や書き言葉によって新しく作りかえられた。そして今また、急激な変化の時代を迎えている。それは携帯電話やインターネットによるコミュニケーション革命である。人間は対面し、相手の存在を感じ取れる社会の肌触りの中で道徳を育ててきた。それが感じられないこの新しいコミュニケーション世界のなかで、道徳ははたして人間社会の規矩として持ちこたえられるだろうか。こころの準備ができないまま巨大なコミュニケーションのニッチを構築してしまった今、私たちはこころと社会の在り方を進化の視点から再び見つめ直す必要があると私は思う。

〔参考文献〕
清水幾太郎（1978）『オーギュスト・コント——社会学とは何か』、岩波新書
伊谷純一郎（1986）「人間平等起源論」、伊谷純一郎・田中二郎編『自然社会の人類学——アフリカに生きる』、アカデミア出版会、pp. 349-389.
白鳥義彦（2003）「『動物社会』と進化論——アルフレッド・エスピナスをめぐって」、阪上孝編『変異するダーウィニズム——進化論と社会』、京都大学学術出版会、pp. 237-264.
山極寿一（2007）『暴力はどこからきたか——人間性の起源を探る』、NHKブックス
D. ハート・R. サスマン（2007）『ヒトは食べられて進化した』、伊藤伸子訳、化学同人
J. オドリン＝スミー・K. ラランド・M. フェルドマン（2007）『ニッチ構築：忘れられていた進化過程』、佐倉統・山下篤子・徳永幸彦訳、共立出版
スティーブン・ミズン（2006）『歌うネアンデルタール——音楽と言語から見るヒトの進化』、熊谷淳子訳、早川書房

Boesch C (1992) New elements of a theory of mind in wild chimpanzees. Behavioral and Brain Sciences 15: 149-150.

Preston SD, de Waal FBM (2002) Empathy: its ultimate and proximate bases. Behavioral and Brain Science 25: 1-72.

Silk JB (2007) Empathy, sympathy, and prosocial preferences in primates. In Dunbar RIM, Barrett L (eds), Oxford handbook of evolutionary psychology, Oxford University Press, New York, pp 115-126.

Sterck EHM, Watts DP, van Schaik CP (1997) The evolution of female social relationships in nonhuman primates. Behavioral Ecology and Sociobiology 41: 291-309.

Van Schaik CP (1989) The ecology of social relationships among female primates. In: Standen V, Foley RA (eds) Comparative Socioecology: The Behavioural Ecology of Humans and Other Mammals, Blackwell Scientific Publications, Oxford, pp 195-218.

Wrangham RW (1980) An ecological model of female-bonded primate groups. Behaviour 75: 262-300.

自然が語ってくれるとき

京都大学の学生時代に、野生ニホンザルの調査を始めて以来、私はずいぶん変わった調査方法で自然とかかわってきた。それは、五感が人間とよく似ているサルを研究対象とするからこそ成り立つもので、サルの世界の住人になり、サルの目で人間世界を外から眺めるという方法である。私たち人間は鳥のように空を飛べないし、モグラのように地中に潜れない。蝶のように花から花へ花粉を運べないし、カエルのようにオタマジャクシから変態できない。だから、彼らの世界を翻訳するための科学技術が必要だ。一方、サルのすることは人間でも同じように体験できる。

でもだからこそ、調査は容易ではない。サルが行くところ、どこでもついていかねばならないし、サルがやったことを自分も試してみなければならない。私もサルが食べた物を試し食いし、サルのように枝に腰かけて眠ってみたりした。汗まみれになってやぶを分け、体じゅうにすり傷を作りながら、何でこんなことをしているんだろうと思ったことが何度もある。

しかし、やがてサルの目を通して自然が変わって見えてくる。とても渡れないと思った大きな一枚岩の絶壁も、サルについていけば思わぬところに安全な通り道がある。赤く熟したキイチゴが身を潜めている場所や、台風がやってきても風が当たらない心地よい休み場があったりする。厳しいと思われた自然も、サルたちを暖かく包み込んでくれるのだ。

その気持ちは、野生のゴリラを追ってアフリカの熱帯雨林を歩いたとき、いっそう強まった。ゴリラの棲む森はニホンザルとは比べ物にならないほど多様な生物が共存している。ゾウやカバなど巨大な動物や、サソリやヘビなど毒をもっていて危険な動物もいる。歩き方を間違えたら、襲われて命を落としかねない。でも、ゴリラについて歩き、ゴリラのようにしていたら安全なことを私は学んだ。ゴリラは無数の動物たちと、気が遠くなるほど古い時代から共存してきた。お互い、あまり邪魔し合わずに生きる知恵をもっている。動物たちが危険になるのは、その共存のルールを破ったときだ。思えば、人間こそ、彼らのルールを破ってきた危険な敵なのではないだろうか。

そう思ったとき、私はゴリラをはじめとする野生動物たちの行動を、私たち人間が勝手に解釈していることに気が付いた。ドラミング（胸たたき）がその好例である。ゴリラにとって自己を主張し、興奮や好奇心を示すためのドラミングを宣戦布告の行動として人間たちは長い間誤解してきたのである。

自然は多くの生物たちが共存できるように作られている。それが、ゴリラとともに熱帯雨林で暮らした私が悟ったことだ。ゴリラに限らず、自然は自らの言葉で語りかけてくれることがある。それを感知するためには、人間の世界を出て、彼らの息づかいが感じられるように自分を変えることが必要だ。現代の科学技術は、サルやゴリラのように人間に近い動物以外の世界に入っていくことも可能にしてくれつつある。でも、いくら高い技術を用いても、自然を敬い、自然に同化しようとする心がなければ、あちらの世界には行けない。

かつて、私は26年ぶりで昔仲良く付き合ったタイタスというゴリラに会いに行ったことがある。双方とも年をとっていたので、最初は気がついてくれなかった。でも二度目の出会いで私のあいさつに答えたタイタスは、突然子どものような顔になって、昔よくやったしぐさを私に見せ始めた。ああ、思い出してくれたんだな、と思うと、私は目頭が熱くなった。タイタスは26年という不在の時をはさんで、私を仲間として迎えてくれたのである。

逆の立場に立ったとき、そんなことが人間に可能だろうか、と私は思う。森を伐採し、野生動物たちを追い詰め、人間だけが住める世界を作っている私たちはどこへ行くのだろう。明日の世界を担う若い世代の人々に、少しでも自然の声に耳を傾けてほしいと思う。

初出一覧

第1章　ゴリラの国の歩き方

「闇の奥」で見たひかり　「かまくら春秋」No.617 2021年
誤解と偏見　「考える人」2014年5月号
人は旅によって進化した　「トラベルジャーナル」2024年4月1日号
やぶを分けて進む　「医道の日本」2023年8月号
背中への愛　書き下ろし
旅の効用　「トラベルジャーナル」2024年4月29日号
ゴリラと野生生物の復活劇　『ウガンダを知るための53章』（吉田昌夫・白石壮一郎編）
ゴリラのエコツーリズム　「青淵」775号（渋沢栄一記念財団 2013年）
エコツーリズムと科学外交　「毎日新聞」（2013年9月22日）

第2章　ゴリラの家族

ゴリラの老いは美しい　「明日の友」2023年春号

タイタスの老年期　「考える人」２００９年冬号
泣かないゴリラの赤ちゃん　「神戸新聞」２０１３年６月21日
親離れと子離れの時期　「リシェス」No.46（ハースト婦人画報社　２０２３年）
ゴリラにみる親子関係から学ぶ　「第30回日本助産学会学術集会基調講演要旨」（２０１６年３月20日）
父性の起源　「季刊ひょうご経済」No.１０７（２０１０年）
白銀の背の意味すること　書き下ろし
負けず嫌いの心を育てる　「母のひろば」６６２号（童心社　２０１９年）
子どもの食育（霊長類との比較　動物学視点から）　「Kewpie News」４５８号（２０１２年）

第3章　暴力の起源

美徳と道徳の違いを超えて　「青淵」８９７号（渋沢栄一記念財団　２０２３年）
暴力の起源　「臨床精神病理」第31巻（星和書店　２０１０年）
戦争の起源　「短歌」２０１７年８月号（角川書店）
人間の社会で共感と道徳はなぜ進化したか　「季刊ひょうご経済」No.１０６（２０１０年）
人類はどこで間違えたのか　コロナ後の世界の構築へ向けて　「朝日新聞」２０２３年３月９日
勝つこと、負けないこと　『継ぐこと、伝えること』（京都芸術センター叢書　２０１４年）
争いばかりの人間たちへ　『世界を平和にするためのささやかな提案』（河出書房新社　２０１５年）

第4章　サルの国

サルから見たリーダー論　「読売新聞」（2020年9月17日）
ゴリラから見た人間社会の未来　「ブリタニカ国際年鑑2018年版」（ブリタニカ・ジャパン）
天空の森の謎と憧れ　書き下ろし

第5章　自然が語ってくれるとき

人類の終末と物語の消滅　『未来創成学の展望――逆説・非連続・普遍性に挑む』（山極寿一・村瀬雅俊・西平直編　ナカニシヤ出版　2020年）
パティ、おまえってやつは！　「こころの未来」第23号（京都大学こころの未来研究センター　2020年8月）
社会の由来とこころの進化　「こころの未来」第4号（京都大学こころの未来研究センター　2021年3月）
自然が語ってくれるとき　「月刊PHP」2014年12月号

装丁　寄藤文平＋垣内晴（文平銀座）

山極寿一　やまぎわ・じゅいち

1952年東京都生まれ。霊長類学・人類学者。京都大学理学部卒、同大学院理学研究科博士後期課程単位取得退学。理学博士。83年に財団法人日本モンキーセンターリサーチフェロー、京都大学霊長類研究所助手、京都大学理学研究科助教授、教授、京都大学総長等を経て、総合地球環境学研究所所長。アフリカの奥地で40年を超える研究歴を有し、ゴリラ研究の世界的権威。著書に『人生で大事なことはみんなゴリラから教わった』（家の光協会）、『ゴリラからの警告』（毎日新聞出版）、『共感革命』（河出新書）、『森の声、ゴリラの目』（小学館新書）、共著に『ゴリラの森、言葉の海』（小川洋子　新潮文庫）、『虫とゴリラ』（養老孟司　毎日文庫）、『動物たちは何をしゃべっているのか？』（鈴木俊貴　集英社）など多数。

争《あらそ》いばかりの人間《にんげん》たちへ
ゴリラの国《くに》から

印　刷　2024年9月25日
発　行　2024年10月5日

著　者　山極寿一《やまぎわじゅいち》

発行人　山本修司
発行所　毎日新聞出版
〒102-0074
東京都千代田区九段南1-6-17　千代田会館5階
営業本部 03-6265-6941　図書編集部 03-6265-6745
印刷・製本　中央精版印刷

ISBN 978-4-620-32814-0